萤火虫之书

* * *

[美]萨拉·刘易斯（Sara Lewis） 著

刘琪 译

献给

共同生活和相爱了近九十年的父母，

感谢他们给我们的童年

带来无数奇迹。

序

* * *

科学家的狂喜自白书

　　萤火虫点亮了我们的世界。在神奇的动物世界里，萤火虫可能是地球上最受人们喜爱的昆虫。它们一次又一次神奇地让我们重新拥有惊讶的感觉。你可能还会留恋儿时炎热的夏夜在公园里追逐寂静无声的萤火虫之光的美好时刻。或许直到现在你还会记起它们在你家后院闪烁着光芒。我一直承认自己是个对萤火虫上瘾的人，或许你也是。如果你热爱萤火虫，那么我写的这本书你肯定会喜欢。

　　小时候我就是个野孩子，对生命的多样性着迷。8岁时，我就下决心长大后要当一名生物学家。被大自然中潺潺的瀑布、神秘的铁杉树林、满天繁星的夜空唤醒，我发誓要一直追寻奇迹。那时候我根本不知道自己在这条职业之路上会遇到多大的挑战。

　　一开始我在拉德克利夫学院上学，毕业后前往杜克大学。在接受培训的求学生涯中，我的科学知识开始萌芽。在攻读博士学位期间，我花了好几年在珊瑚礁海域潜水以解读它们的秘密，偶尔还在位于海平面下60英尺[1]的水下休息舱里工作和睡觉。在几十年的科研生涯中，我一直致力于研究各种生物的性生活，其中就包括萤火虫。作为一名进化生态学家和塔夫茨大学生物学教授，我有一份令人羡慕的工作：

---

[1] 英尺，合0.3048米。

别人付我钱让我保持对世界的好奇，并探索新的科学发现。我发表过上百篇科学论文，指导过几十名学生，赢得了很多次比赛。

我一直让自己保有好奇心。但是事实证明，奇迹在科学世界里并没有得到大家的重视。科学家会因学术论文产量而受到褒奖——获得科研经费、出版技术文献来报道最新的发现。很少有科学家公开承认是受到了奇迹的驱使。但是有些潜规则表明，一位科学家对大自然的敬畏之情必须深藏于心中，因为承认奇迹相当于承认非理性，从而成为理性世界的叛徒。当然有一些例外，包括我们将在本书里遇到的几位。

科学化约主义[1]自己将奇迹挡在了门外。科学家定义事物工作的原理是靠仔细拆解，从内部观察。生命是一个充满奇迹的、有着四十亿年历史的智力拼图。作为一名科学家，我受到的教育是学会超越奇迹事物的表面，跳出这个框框看问题。所以我们打开盒子，把所有碎片掏出来，然后集中精力检查每一个单独的碎片，反复拼接每一片，用手指摩挲每一个边角，边爱抚边猜测它们的形状和轮廓，并推断出其地理位置。经过无数次尝试、观察和实验，我们开始了解这些相互关联的碎片如何拼凑成一个整体。费了九牛二虎之力，我们终于将所有碎片拼成一幅全图。但是即便这样，在细节上花费了太多精力后，科学家已无法很轻松地就重新找回第一次遇见奇迹时的那种震撼心灵的感觉。禅宗大师铃木俊隆说过："初学者眼中充满了可能性，而专家眼中则不然。"

对于我这个努力让自己对奇迹敏感的科学家而言，这本书代表我走出来了。我已经潜心于研究萤火虫的细节世界几十年，这些令人惊奇的、散发光芒的生物至今仍会带给我惊喜。虽然我写了这本书，但是它仍然无法完全表达我对萤火虫的感情。对于我，或许还有你们，萤火虫不仅仅只是有魅力，不仅仅只是迷人，甚至不仅仅只是让人迷惑的。我能想到的最恰切的字眼是狂喜。令人高兴的是，现在我终于有机会与你们分享我对它们的爱意了。

很荣幸能借此机会向你们传播科学家在萤火虫这一研究上共同积累的知识。关于萤火虫，仍有很多有趣的故事值得述说！在过去的三十年里，全世界的萤火虫研

---

[1]科学化约主义是一种哲学思想，认为复杂的系统、事物、现象可以通过将其化解为各部分之组合的方法，加以理解和描述。

究者发现了很多关于萤火虫的惊天秘密。我们发现了它们光亮的来源、交配的细节，以及其中意想不到的毒药、背叛和欺骗。描述这些科学发现的科学文献通常都充斥着模糊的技术术语，有时候还需要付费查阅它们。通过这本书，我希望能为科学注入新的活力，并为萤火虫创建一个可查阅的、最新的档案——记录那些已被破解的秘密。

写这本书还有一个目的，就是希望通过揭秘萤火虫的神奇世界，鼓励人们——无论老少，无论在城市还是在农村，总之全世界的人们——和我一起走进深夜。如今的我们已经被无数电子产品包围，很难再去和自然世界建立联系。现在，我们不需要跋山涉水去感受自然奇迹，因为这些无声的光影就在我们家的后院或城市公园里，就在那里等着我们去发现。

记住，这本书里没有测试，请放心阅读，希望你们会喜欢！

目 录 [1]
✻ ✻ ✻

1. 本书会尽量使用萤火虫的中文正式名，如果没有中文命名，则直接使用英文学名，以方便读者进一步搜索查询。——编者注

第一章

✳ ✳ ✳

静谧之光

最重要的是用闪亮的双眼观察你身边的世界，
因为最神奇的秘密总是隐藏在最不易察觉的地方。
那些不相信魔法的人永远找不到它。

——罗尔德·达尔

神奇的世界

萤火虫无疑是和我们共同生活在地球上的最神奇的物种之一。作为夏天的一种标志，这些会发光的小生命用寂静而壮观的光亮点缀了整个夜晚。几个世纪以来，萤火虫优雅的光之舞激发了不同年龄段的人的好奇心，是诗人和艺术家的灵感来源。这些寂静无声的光点为何如此迷人？

一提到萤火虫，很多人就会想起一些儿时往事：夏天的夜晚，我们在田野里追逐嬉戏，用双手和网兜捕捉萤火虫，放进玻璃罐。凑近一看，这些会发光的小家伙是多么令人欣喜。我们有时甚至会抓几只压扁，将它们腹部残存的持续发光的化学元素作为装饰涂抹在衣服上和脸上。

萤火虫创造了一种超越时间与空间的魔法。看似普通的景色在它们华丽光斑的装点下摇身一变，即可化为缥缈的仙境。萤火虫能将一座山坡点缀成闪着荧光的瀑

图1.1　萤火虫唤起了童年记忆，改变了普通的风景，重新点燃了我们的好奇心。（平松常明　摄）

布，将郊外的草坪变成通往另一个宇宙的微光之门，将两岸种满红树林的寂静小河变成迷幻舞动的迪厅现场。

　　世界各地对萤火虫的崇敬之情是近乎神秘的，即使是最早的原始人类，也对这些无声发光的生命肃然起敬。或许这就是越来越多的游客想在夜色中和它们近距离接触的原因。在马来西亚，萤火虫聚集地每年能吸引超过八万名游客。在中国台湾，萤火虫观赏季节有近九万游客报名参团。每年6月，有近三万名游客前往大雾山欣赏萤火虫的灯光秀。

　　有一次，我在大雾山遇到一位驱车数百英里来看萤火虫的女士，他们一家人十几年里每年都来。当我问她是什么让他们如此执着，她思考了一会儿，然后慢吞吞地说："可能因为它们非常神奇吧。"我们在萤火虫创造的无声的神奇中驻足感叹——

它们使我们满怀喜悦和感激之情。

萤火虫已融入许多国家或地域的文化中，但没有一个地方比日本更能让它们散发出耀眼的光辉。在本书后续章节中将会提到，日本人对萤火虫的爱延续了上千年。日本现今仍然流行欣赏萤火虫的习俗，而这一习俗源自日本神道教的信仰，即神在自然界中无处不在。11 世纪，一位日本女贵族撰写了著名小说《源氏物语》，从此萤火虫就象征着沉默而炽热的爱。

与此不相矛盾的是，在 1988 年的经典动画《再见萤火虫》中，萤火虫又代表了逝者的灵魂。几个世纪以来，萤火虫不断出现在日本的艺术和诗歌中。就像一种 GPS 定位功能，在许多描写初夏的俳句中，你一定能找到关于萤火虫的描述。然而，在 20 世纪的日本郊外，这些可爱的昆虫几乎消失无踪。但随后它们的再次出现令其成为一种民族自豪感和环保主义的象征。在日本文化中，萤火虫就像发光的珍珠，不断被赋予一层层新的文化意义。

萤火虫常识：是什么，在哪里生活，有多少种？

在过去的两百年中，萤火虫也点燃了科学家的研究热情，他们对萤火虫的生理化学特性、生活习性和进化产生了新的见解。这项研究在过去的几十年里才真正起步，并带来了许多令人兴奋的发现。在温柔的外表下，萤火虫的生活出奇地戏剧化——它们的生活充满了被拒绝的求爱、贵重的"嫁妆"、化学武器、阴谋诡计、放血谋杀！本书后面几章会用翔实的细节来揭示萤火虫的神秘世界。

但首先要回答的是：萤火虫到底是什么？

萤火虫有很多不同的名字：明火虫、烛蝇、流萤、火萤虫、火虫子。然而，它们既不是苍蝇，也不是臭虫，而是一种甲虫。甲虫（鞘翅目昆虫的统称）种类繁多，是一个成功的昆虫家族。3 亿年前，当甲虫第一次进化成型时，很多其他昆虫已经存在。甲虫进化成了一个种类庞大的家族，如今地球上有 40 万种甲虫，占已知动物

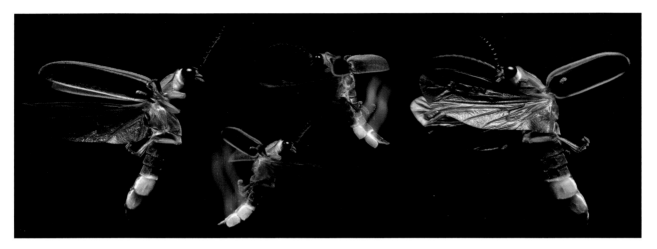

图 1.2 萤火虫是真正的甲虫，它们的前翅变成坚硬的壳甲保护脆弱的、用于飞行的后翅。（图中的萤火虫学名为北斗七星萤火虫，特里·普里斯特 摄）

总数的 25%。为什么萤火虫被归为甲虫类？因为它们有鞘翅，萤火虫进化出坚硬的前翅，以保护用于飞行的脆弱翅膀。

在鞘翅目中，所有的萤火虫都属于萤科。这一科的甲虫拥有几大共同特征。生物发光毫无疑问是它们的一大显著特性，虽然很多萤火虫只在幼虫阶段才有这一特性。另一大特性是它们的身体相对比较柔软。如果你将一只萤火虫捏在手里，会感觉到它的身体有一点点黏湿，这和很多其他甲虫坚硬的贝壳状身体不一样。第三大特性是，每只萤火虫都有一块扁平的背板，覆盖着头部后方。

所有萤火虫不仅外表相似，基因也可追溯到同一个祖先。萤火虫的祖先可能生活在 1.5 亿年前，也就是恐龙统治的侏罗纪时代。当时，昆虫正在扩散并多样化，以填补新的生态位，包括进化出了一种专门食用恐龙粪便的蟑螂！虽然我们不知道远古时期的萤火虫以什么为食，但我们知道，在 2600 万年前，萤火虫的外形已经和现在大体一致。我们之所以知道这一点，是因为我们在琥珀中发现了萤火虫尸体，黏性的树脂将它们包裹起来，形成坚硬的琥珀。我们可以很清晰地看到它们的体态细节。其中一枚琥珀可以追溯到 1900 万年前，里面有两只正在交配的萤火虫，这一

图 1.3　很久以前,这两只萤火虫被抓个正着,困在了树脂里。
（照片经马克·布拉纳姆许可使用）

对恋人被永远地封印起来。（图 1.3）

　　人们常常惊讶地发现萤火虫有很多种，而不仅仅是一种。事实上，全球有近2000 种萤火虫，分布在从南纬 55 度的火地岛到北纬 55 度的瑞典之间的区域，除南极洲以外的各大洲都有它们优雅的身影。和大多数生物一样，热带地区的萤火虫的种类更多，在亚洲和南美洲的热带地区达到顶峰：仅巴西就有 350 种萤火虫。在北美，已知的萤火虫超过 120 种，美国东南部的种类最多，特别是佐治亚州和佛罗里达州，是大约 50 种萤火虫的栖息地，但阿拉斯加州只发现了一种萤火虫。多年来，萤火虫的科学研究很大程度上是在为新的种类进行分类：发现，命名，并正式描述它们的解剖学差异。即使在今天，仍然有新的萤火虫物种被我们发现。

用闪光、闪烁和气味寻觅伴侣

　　在萤火虫的进化历史中，寻觅和吸引伴侣的方法可谓层出不穷。我们可以将现今发现的萤火虫求偶方式进行简单分类：使用高频率闪光，使用低频的闪烁，用看不见的、靠风力传播的性信息素。

　　发光萤火虫（Lightningbug）成名于它们闪光的特性，雌性和雄性用闪光作为语言倾诉爱意。它们是北美最常见的萤火虫，因在夜间的精彩表演而出名。它们通

图 1.4 一种典型的北美发光萤火虫：雄性北斗七星萤火虫用快速明亮、J 型的闪光来吸引雌性。（亚历克斯·怀尔德 摄）

过一闪一灭的开关操控和潜在配偶进行复杂的对话。通常，飞行中的雄性萤火虫会发出特定的闪光，静止的雌性用闪光予以回应。这种求偶方式在几种不同的萤火虫品系中不断进化。这种萤火虫在落基山脉东部随处可见，但不知为何，它们只零星分布在西部各州。

北斗七星萤火虫（Photinus pyralis），是一种典型的发光萤火虫。北斗七星萤火虫因何而得名？一是体型庞大（身长 15 毫米），二是雄性闪光时会先下降再急速上升，用它们的光在空中写下字母 J。北斗七星萤火虫遍布美国东部，从艾奥瓦州到得克萨斯州，从堪萨斯州到新泽西州。它们日落时分活动，飞得离地面很近——

图 1.5　一只欧洲大萤火虫雌虫紧紧攀附在栖木上，摇动发光的腹部以吸引飞过的雄性。〔基普·楼迪斯　摄〕

即使是小孩子也可以轻而易举地抓住它们。它们对栖息地的要求不高，在郊区的草坪、高尔夫球场、马路边、公园和大学校园都能见到它们的身影。

北欧一般是以 Glow-worm 萤火虫为主，体型肥大、没有翅膀的雌萤能发出持久的光。它们不能飞行，只能在地面爬行，每晚会爬上低矮的栖木，发出数小时的光，以吸引会飞但一般不会发光的雄性。一些种类的雌萤还会释放性信息素到空中，这些挥发性的化合物散播在树木和其他植被周围，吸引着远方的雄性。

全球有四分之一的萤火虫属于雌萤短翅或者无翅类型，其中最有名的是欧洲常见的大萤火虫（Lampyris noctiluca）。大萤火虫广泛分布在欧洲，从葡萄牙到斯堪

图 1.6　一种分布在北美洲的日间活动的不发光萤火虫（Lucidota atra），成虫靠气味而不是光吸引异性。（彼得·克里斯托福诺　摄）

的纳维亚。在俄罗斯和中国大部分地区也能发现它们。大萤火虫的求偶方式在亚洲萤火虫中也很普遍。奇怪的是，雌萤短翅或者无翅类型的萤火虫在北美很罕见，只偶尔出现在落基山脉西部。

　　欧洲常见的萤火虫还有不发光的萤火虫，成虫一般白天飞行，而且不会发光。雄性成虫依靠雌性成虫在风中散发的性信息素来锁定目标。有证据表明，最早的萤火虫采用的是类似的求偶方式。这种活跃在白天的不发光萤火虫在北美很常见。

萤火虫语义学

　　虽然萤火虫是世界上夜晚会发光的甲虫类中最大的一个分支，但其他科的甲虫也具有这种生物发光能力，包括光萤科甲虫和几种叩头虫。

　　那么，萤火虫到底指什么呢？指的是甲虫家族萤科昆虫，不论成虫是否能发光。根据求偶方式的不同，萤火虫分为以下三类：

· 发光萤火虫：成虫使用快速闪光来求偶。
· Glow-worm 萤火虫：短翅或者无翅的雌萤发出持久的光来吸引雄萤；一般情况下，雄萤不会发光。
· 不发光萤火虫（Dark fire flies）：成虫不会发光，在白天依靠性信息素进行求偶。

颠沛流离

无意或有意地，人们有时会将萤火虫迁出它们的原生栖息地。1947年，加拿大新斯科舍州哈利法克斯市发现了一种原产于欧洲的萤火虫——Phosphaenus hemipterus，可能是其幼卵藏在进口树苗的土壤中偷渡而来。这些不能飞行的萤火虫成功地活了下来，甚至在哈利法克斯市周围繁衍壮大，直到2009年，其中几个种群仍在增长。然而，其他迁徙行为却以失败告终。20世纪50年代，一些发光萤火虫（Photuris属）被人为地从美国东部引入俄勒冈州波特兰市和华盛顿州的西雅图，希望能点亮这些城市的公园。但好景不长，几周后，萤火虫就消失了。同时期从日本引进了萤火虫来抑制夏威夷的蜗牛，但这些萤火虫也未能逃脱死亡的命运。没有人知道为什么有些萤火虫能存活下来，而有些则不能。或许目的地的气温、湿度或土壤条件不适合萤火虫生存，或许缺少它们喜欢的食物，或许那里潜伏着某些新的捕食者。

现在，我们认识到人为迁移物种是错误的——即使是萤火虫这样美丽无害的物种。很多外表漂亮的植物，如千屈菜、水葫芦、日本虎杖，最初被当作观赏性植物引进美国，但是这些外来物种很快表现出入侵性，像野草一样抢占了本地物种的地盘，破坏了生态平衡。每一个生物都生活在一个复杂、难以捉摸、生物相互作用的网络里。当我们将一个物种从一个地方迁移至另一个地方，从而破坏了这个网络时，真不知道会发生什么。

下文提要

本书将为大家介绍萤火虫这一发光的物种。我们将会了解它们的求偶仪式、剧烈的毒性、诱导性的模仿、当前所处困境的幕后故事。当然，如果不是一些乐于探索的科学家夜以继日地钻研解密，我们不会知道这些不平凡的故事。我是在20世纪80年代迷上萤火虫生物学的，且有幸结识了几位顶尖科研专家并与之共事。在不断

揭秘萤火虫秘密的过程中，我们遇到了很多人，他们的生活和这些生物紧密地交织在一起。其中不仅有科学家，还包括琳恩·福斯特，一位女骑手、母亲和自学成才的博物学家，儿时对萤火虫的热爱激励她成为大雾山萤火虫光之舞研究领域的专家。另一位是拉斐尔·德科克，他有着双重身份，既是一名游吟诗人，也是一名萤火虫专家。我们还和吉姆·劳埃德一起在夜色下研究萤火虫。他是一位独居的野外生物学家，每个夏天都在野外观察萤火虫的习性。我们还将了解已故的约翰·巴克的故事，他是一位职业水手和生理学家，通过精细的实验室研究揭示了萤火虫控制闪光的机制。这些科学家和来自世界各地的其他人携手合作，共同揭示了萤火虫身上隐藏最深的一些秘密。

在我们迈进这个神奇世界前，请快速预览一下接下来我们将要讲述的内容：

在第二章"闪亮的星光"中，我们将知道所有萤火虫都是从一个不起眼的小生命开始，度过一个神奇的童年。它们生命中的大部分时间——大概两年——会以幼虫的形态生活在地下。萤火虫幼虫是凶猛的猎食者，沉迷于疯狂进食和生长。我们将跟随萤火虫走过它不同的生命阶段，从一个微微发光的卵开始，历经神奇的蜕变。一旦成为成虫，萤火虫就专注于求偶和交配。在田纳西州的森林中，上千只萤火虫同步发出的亮光犹如闪烁的波浪，几乎将我们淹没。

我们看到的这一奇观实际上是雄性萤火虫的求偶情歌。在第三章"草丛中的奇观"中，我们将于黄昏时分在新西兰草地上观察萤火虫求偶的奇遇。近三十年来，我和我的学生们一直在野外研究萤火虫的性选择——一个十分微妙但非常重要的进化过程。我们观察到一些雄性萤火虫在夜晚求偶时会发出光亮，努力地吸引雌性前来交配。腼腆的雌性如果发现心仪的异性会发出闪光以作回应。雌性挑选性伴侣的具体标准，我们将会在后面提及。此外，我们还发现雄性萤火虫的交配成功率很低，只有一小部分能成功抱得美人归，其他的只能孤独终老。

求偶之后会发生什么呢？萤火虫的性生活犹如一个谜团，这不仅仅是因为它发生在夜色的掩护下。第四章"闪光中，你我共结连理"将继续探究雌性萤火虫的生殖系统掩藏的秘密。我们对萤火虫身体内部构造的微观探索揭示了一个惊人的发现，颠覆了我们对萤火虫性生活的认知。我们将讨论萤火虫的"嫁妆"，了解这一爱情的生殖礼物对给予方和接收方来说分别意味着什么。

雌性萤火虫无法飞行，所以它们的生活习性与雄性截然不同。在第五章"飞翔的梦想"中，我们将讲到一种罕见的美国萤火虫——蓝色幽灵萤火虫（Blue ghost firefly）。我们跟随它们来到阿巴拉契亚山脉南部，观察这些神秘的蓝色幽灵如何求偶。雄性飞到距离森林地被物一个脚踝高度的地方，发出怪异而持久的光亮寻找雌性。与此同时，体型小且没有翅膀的蓝色幽灵萤火虫雌萤缓慢地爬过层层落叶。我们试着窥探这些没有翅膀的雌萤眼中的世界，从有利于它们的视角出发，微缩自己，进入它们的世界。

萤火虫是如何制造出光亮的？萤火虫之光看似神秘，但是第六章"闪光的来源"将会讲到萤火虫如何通过构思巧妙的化学反应实现生物发光。在它们形似小灯笼的腹部内部，我们发现了故事的主角——荧光素酶，一种被应用于保护人类健康的酶。一些萤火虫可以快速切换发光的开关，这是一种天赋，能让它们发出精准如摩斯密码的信号。它们是如何实现如此先进的闪光控制的？我们将和一些萤火虫生物学家一起前往东南亚，研究部分萤火虫是如何实现整晚以惊人的同步性闪光的。

但不是所有的萤火虫都天真无邪。第七章"砒霜蜜糖"将揭示萤火虫黑暗的一面。有些萤火虫能产生剧毒，这些刺鼻的化学物质会让鸟类、蜥蜴、老鼠和其他动物避而远之。这些化学武器也是了解萤火虫最初为何会进化出发光这一特性的关键。然而，在某些生物眼中，包括一些会闪光的、充满诱惑的蛇蝎美人，萤火虫仍是一道美味。

萤火虫的世界有无数奇妙的故事，等待着我们去发现，但与此同时，世界各地的萤火虫数量正在减少。在第八章"为萤火虫熄灯？"中，我们将探讨人类和萤火虫之间复杂且具破坏性的关系。我们将研究造成萤火虫数量下降的几个可能的原因，包括栖息地的破坏和光污染。我们还将了解人类如何过度利用萤火虫，有时是为了提取产生光亮的化学物质，有时是为了观赏荧光的美丽。所幸我们下一代还有机会欣赏这些舞动的光点。本章末尾总结了一些实用的方法，手把手教你将后院打造成更适合萤火虫生活的地方。

在本书结尾，我们将走出实验室，进入夜色中，和本地的萤火虫来一个亲密接触。"北美常见萤火虫野外指南"会帮助你识别一些常见的北美萤火虫，并解读它们的求偶语言。最后将会介绍有用的野外装备和活动策划，以便你能更深入地了解萤火虫的奇妙世界。

本书不会附上常见的科学图表。如果读者愿意，可以在书后找到每一章涉及的参考文献。等文献中提到的科研论文可以免费从网上下载时，我会添加网站链接。末尾还附有术语表，帮助解释一些专业术语，如果想了解更多，可利用我精选的纸质文献。

让我们开始一段神奇的旅程，进入萤火虫的神秘世界吧。我们将走到幕后一探究竟，解读自家后院、附近公园、田野及森林里上演的夜间戏剧。推开门，脚步放轻，我们来了……

第二章

* * *

闪亮的星光

体会变化之意义的唯一方式是全身心投入，
随变化而动，
翩翩起舞。

——艾伦·沃茨

大雾山腹地深处

几年前，我有幸经历了一次令人惊叹的萤火虫之旅。在大雾山国家公园，我遇到了来自田纳西州的琳恩·福斯特，她是一位杰出的博物学家，曾公开承认自己痴迷于萤火虫。那年 6 月，我们和成千上万的游客一起来到大雾山，花两周时间观看了一场大自然最神奇的表演。20 世纪 90 年代中期前，这一自然奇观只有少数人知道，他们的乡村避暑小屋后来发展成为埃尔克蒙特小镇。而现在，这已经是一个广为人知的著名景点。

在这个被她称为"神奇的埃尔克蒙特"的地方，福斯特度过了童年的夏天，她在雾气弥漫的森林里漫步，在满是鲑鱼的山间溪流里嬉戏。她兴致勃勃地向我描述在 6 月的某些夜晚所遵循的晚间仪式。晚饭后，所有邻居家的小孩子都会穿上睡衣，聚集在一个隐蔽的门廊上，等待着福斯特未来婆婆口中的"萤火虫光之舞"。随着夜色慢慢笼罩周围的森林，一开始，他们只看到 10 只萤火虫，接着是 100 只，最后上千只萤火虫同时发出寂静无声的光之交响乐。

这些童年记忆让福斯特迷上了埃尔克蒙特。后来，她和丈夫埃德加每年都会带着孩子回到这里。1940 年，大雾山国家公园成立，联邦政府规定埃尔克蒙特镇将居民的长期租用期限截至 1992 年 12 月 31 日。这一末日宣判代表着福斯特和其他居民心中的"神奇的埃尔克蒙特"将不复存在。福斯特眼含泪光地回忆起 1993 年新年的钟声敲响时，全副武装的公园护林员礼貌而坚定地护送她的家人和朋友走出了他们的林间小屋。几个月后，福斯特联系到佐治亚南方大学的生物学家乔恩·科普兰博士。科普兰刚刚从遥远的东南亚回来，在那里，他看到了著名的同步闪光的曲翅萤。起初，对于福斯特对田纳西州萤火虫的描述，他半信半疑，因为同步闪光萤火虫不应该生活在美国。但在 1993 年夏天，福斯特终于说服科普兰和他的同事安迪·莫采夫亲自前往埃尔克蒙特一探究竟。科普兰后来言简意赅地描述了科学家们不时体验到的美妙的发现时刻："当时大雾弥漫，天气寒冷，还下着雨。四周漆黑一片，什么也没发生。我坐在车里，困意袭来。当我再一睁眼，只见四周全是同步闪烁着光点的萤火虫！"

科普兰和莫采夫回去后，福斯特就成了他们两人的驻地研究助手。科普兰和莫采夫都是昆虫神经生理学家，他们决定弄清楚这些神奇的萤火虫如何以及为什么能保持精确的同步闪光。从那时起，福斯特开始真正研究埃尔克蒙特萤火虫的行为活动。整个夏天她都在野外记录萤火虫的一举一动。每年冬天，她都会把记录打印出来并配上自己拍的照片，分门别类地装订成册，年年如此。如今，她 20 多年的观察笔记堆满了书架，同时她还密切关注着生活在田纳西州东部的十余种其他萤火虫。

多年来，越来越多的游客涌向大雾山，观赏主要由 Photinus carolinus 这种萤火虫求偶时形成的自然奇观。最初人们还能驱车前往，但随着游客越来越多，当地交通严重堵塞，而汽车前灯也惊扰到了这些小家伙。2006 年，国家公园管理局开始提供接驳巴士服务，往返于萤火虫最佳观赏点和位于加特林堡市的游客中心。如今，每年 6 月的两周观赏期中，近 3 万名游客前来欣赏这场"萤火虫光之舞"。接驳巴士只能网上预订，名额一经开放，几分钟就售罄了。2008 年，我和福斯特一起目睹了这一奇观，并研究了这些萤火虫的交配行为。

我和福斯特一下车，就闻到了树叶和蕨类植物叶子的香气，听到了山洪的奔腾咆哮。车上还有教会团体、手牵手的甜蜜小情侣和儿孙满堂的大家庭，孩子们跑在前面，老人们则落在后面。他们来此或许想与心中的信仰、生命或比自身更强大的东西对话。无论他们寻找的是什么，他们一定都找到了。很多游客曾多次踏上这条朝圣之路，年复一年地回来观看这场"萤火虫光之舞"。

我们沿着利特尔河旁小道蜿蜒前进，途经埃尔克蒙特那些因法令而废弃的老木屋，如今它们被公园管理局忽视了。我们沿着一条小路来到福斯特家原来住过的小屋的门廊里，看见那张老餐桌还在等待着它的家人归来。在昏暗的灯光下，埃尔克蒙特显得阴森可怖，幽灵般的小屋、林间小道、破败的花园，一切都在慢慢变成废墟。

来到山顶，人群开始散开，一小群游客在林间空地上安顿下来。他们打开随身携带的草坪椅，坐下来耐心等待着黄昏降临。与其他游客不同，这些人像前往教堂

图 2.1　前往埃尔克蒙特的游客目睹了同步荧光的盛景。（Photinus carolinus 的照片，拉迪姆 · 施赖伯　摄）

做礼拜一样虔诚。每个人都静静地坐着，轻声细语地聊着天。直到夜幕笼罩森林，我们才看到第一道闪光。几分钟后，十几只雄性萤火虫飞到我们身边，发出它们典型的求偶语言：6 次快速闪光，然后暂停 6 秒。突然，飞舞的火花遍布森林，成千上万只雄性萤火虫用一致的频率同步闪光！每同步闪光 6 下后又同时暂停，黑暗如阴影般瞬间遮住了我的眼睛。

在这充满了节奏和韵律的超自然景象面前，我读过的所有科学描述都被我抛诸脑后。我被迷住了，不由自主地坐了下来，为这广袤无垠、迷幻催眠的生物旋律所折服。史蒂夫·斯托加茨曾在其著名的《同步：秩序如何从混沌中涌现》一书中写道："宇宙的中心存在一种稳定而持续的节奏。"对人类大脑来说，任何感官通道的同步都具有不可思议的吸引力。置身于由上千只萤火虫演奏的寂静无声的同步交响乐中，我仿佛忘却了时间的流逝。

那一晚，我目睹了一场奇妙的求偶大戏，参演的这群律动精灵努力的目标只有一个：传宗接代。至于我们，只是幸运地成了这场大戏的观众。

等我回过神来后，我和福斯特花了几个小时寻找雌性萤火虫的身影，并计划着在接下来的几个晚上进行观测。直到过了午夜，我们才跌跌撞撞地沿着小径往回走。当走出那片神奇的森林时，我不禁感叹于大雾山腹地深处居然隐藏着这样一个自然奇观。

出身卑微

和其他萤火虫一样，埃尔克蒙特光影之秀的演员们在成为闪亮之星前都过着卑微的生活。在整个生命周期中，萤火虫会经历一次自我转变，即完全变态。这种复杂的生活方式起源于大约 2.9 亿年前的昆虫，在进化过程中已被证明是非常成功的。如今，每一只甲虫、蝴蝶、蜜蜂、苍蝇和蚂蚁都要经历完全变态，这些生物大约占地球上所有动物种类的一半。

昆虫是变化的大师，人类的发展根本无法与之相比。人类婴儿和其他哺乳类动物一样，基本上算是微型的成年人——我们不断成长，但我们仍然拥有几乎相同的器官。相比之下，昆虫上演的"变形记"令人震惊：在成长过程中，它们彻底改造了自己的身体。直到 17 世纪，人们仍认为毛毛虫和蝴蝶是两种截然不同的生物。

变态不仅赋予了昆虫改变外形的能力，也让它们改变了生活方式。幼虫和成虫生活在不同的环境，因而可以利用不同的资源。它们还可以专注于执行不同的任务。一般来说，幼虫的主要任务是进食和生长（当然也包括生存），成虫则负责求偶和交配，有时还负责迁徙到新的栖息地。

萤火虫是个矛盾的综合体。在整个生命周期，它们的职能和个性会发生翻天覆地的变化，就像邪恶的海德先生变成绅士的杰基尔博士一样。我们或许欣赏成年萤火虫的优雅，但它们并非一直这么温柔。幼年阶段的萤火虫叫作幼虫，是贪婪的食肉动物，能制服和吞食比它们大好几倍的猎物。但很遗憾（或者算幸运），你很难看到这些过着隐居生活的萤火虫幼虫。大多数美国萤火虫的幼虫生活在地下，以蚯蚓、蜗牛和其他软体昆虫为食。很多亚洲萤火虫的幼虫生活在水中，以水生蜗牛为食。令人惊讶的是，萤火虫一生中的大部分时间都是以幼虫形态度过的。在北纬地区，幼虫期可能持续 1 ~ 3 年，而在遥远的南纬地区，幼虫期可能只持续几个月。一旦时机成熟，幼虫会寻找一个安全的地方，变成一个不能移动的蛹。蛹阶段会持续大约两周，此时萤火虫正忙于重塑自己的身体，为变成成虫作准备。成虫的生命只有几周时间，只占萤火虫漫长生命中的很小一段。

欧洲常见的大萤火虫幼虫生活在地面上，以草料为食。它们经常出现在花园里、草地上、路边和铁路沿线。我们对它们的生活习性非常了解，因为一个多世纪以来，博物学家一直在研究这些巨大而显眼的幼虫。所以在接下来的短剧中，萤火虫恰好扮演了主角。

* * *

流浪的星星：作为一只小甲虫的萤火虫的肖像

第一场，第一幕：台幕升起，一个微微发光的萤火虫卵依偎在苔藓中，3 周前它的母亲将它放在这里。自7月初开始，它一直面对干旱的威胁和被捕食的危险——但它活了下来。虫卵内部似乎有东西在动，试图冲破卵壳。现在，一只幼虫破卵而出。这个6条腿的婴儿视力太差，只能依靠嗅觉探索新世界。

　　第一场，第二幕：夜幕降临，幼虫肚子饿了，便迈开步子去寻找它最喜欢的食物——肥大多汁的蜗牛！它以每小时几米的速度在地面上爬行，突然，它又短又粗的小触角嗅到了水蜗牛的味道。它沿着黏液的痕迹找到了第一个猎物——一只漂亮的菜园蜗牛。和蜗牛相比，萤火虫幼虫显得十分矮小。幼虫顽强地爬上蜗牛的壳，然后伸出口器探入蜗牛柔软的身体。在舞台后面的视频屏幕上，我们能很清楚地看到幼虫用来征服猎物的强大武器——它挥舞着一对镰刀状的下颚，下颚向内弯曲成尖尖的点。在每个颚尖附近都有一个几乎看不见的小孔，这是连接幼虫中肠的一条狭窄管道的开口。幼虫轻轻咬住蜗牛，用下颚刺穿蜗牛的皮肤，注射麻醉毒液。被

图2.2　萤火虫幼虫是贪婪的捕食者，用凹陷的下颚向蜗牛体内注射毒素和消化酶。图中，一只常见的大萤火虫的幼虫正在袭击一只蜗牛。（大萤火虫的照片，海因茨·阿伯斯　摄）

咬之后，蜗牛试图挣脱幼虫，但后者死死地攀附在蜗牛壳上。幼虫又咬了一口，蜗牛的动作就慢了下来。幼虫再咬一口，蜗牛终于停止了挣扎。

　　第一场，第三幕：现在，饥饿的幼虫开始处理眼前一动不动的猎物。猎物还有心跳，表明它还活着，这保证了肉质的鲜美！幼虫将下颚刺入蜗牛身体，并注入消化酶来溶解蜗牛。在接下来的三天三夜里，贪婪的幼虫可以享用一顿新鲜肥美的蜗牛汤了。幼虫不断进食，身体快速生长，外骨骼已经承载不下。为了适应身体的生长，幼虫必须扔掉原来的皮肤，换上更大的皮肤。

幕间休息

　　第二场，第一幕：仲夏，白昼时间不断变长。幼虫一直认真地对待它的工作：在过去的 18 个月里，它吃掉了 70 只蜗牛，蜕皮好几次，体重增加了 300 倍。然而，在过去的几周里，幼虫一直在四处游荡，努力寻找庇护之所来实现改变其生活的变态过程。流浪的幼虫现在来到一根倒下的原木下方，那里聚集着其他流浪的幼虫。它们蜷缩起来，一动不动地躺着。几天后，它们将完成最后一次蜕皮，成为一只蛹。整整两个星期，所有的蛹挤在一起，藏在原木下。它们几乎不动，只有在受到外界干扰时，才会扭动，并发出明亮的光。在蛹内部，它们正在重新组合原来的身体，艰难地完成新生过程。

　　第二场，第二幕：夜，原木下，新生的成虫正努力挣脱蛹壳。它们一个接一个地爬出来，开始新的生活。它们中的一部分体型庞大、体态丰满，没有翅膀：这些是雌萤。其他的则只有雌萤十分之一大小，有翅膀，可以飞翔：这些是雄萤。所有成虫都失去了对食物的胃口，现在它们满脑子都是性。在繁殖冲动的驱使下，只有两周生命的成虫只能完全依赖幼虫阶段几个月进食期间储备的能量。它们各自上路，依靠体内剩余的能量去完成它们的新任务：求偶和交配，然后受精和产卵。爱情的戏码即将上演，但这是第三章的内容。现在，让我们回到 Photinus carolinus 这令人着迷的大雾山同步萤火虫，看看它是如何度过肮脏的童年生活，最终成为光芒四射的"明星"。

6 个月的时候，那些已经交配的 Photinus carolinus 雌萤会在潮湿的土壤或苔藓里产卵。如果一切顺利，大概 2 周后，这些卵将孵化成 2 ~ 3 毫米长的灰色幼虫。在接下来的 18 个月里，这些幼虫将藏身地下，所以我们很难看到它们。在这段时间里，它们会专注于所有幼虫都擅长的事情——贪婪进食，疯狂生长。

蚯蚓是 Photinus 属萤火虫幼虫的主要食物。和其他萤火虫一样，它们能捕食比自己大很多倍的猎物。它们用锋利的下颚反复撕咬蚯蚓，每咬一口都会注射神经毒素。有时候 Photinus 属萤火虫幼虫会以群体的形式攻击一条蚯蚓。一旦蚯蚓停止挣扎，它们就有好几天的饱饭可以吃了。

在研究过程中，我养了很多 Photinus 属萤火虫幼虫，每个星期都给它们喂食蚯蚓。好笑的是，它们太贪吃，经常疯狂地进食，以至于腹部膨胀到脚都够不着地，只能躺在地上，腿无力地在空中摆动，直到消化得差不多了，才能爬起来。我的家人对这一幕看得多了，每当我们用美食犒赏自己后，有人就会感叹："我吃得像萤火虫宝宝一样饱！"

Photinus 属萤火虫幼虫的第一个夏天和秋天都在捕食蚯蚓与长身体。随着冬天的到来，它们开始进入冬眠期，等待来年春天继续进食。如果它们个头足够大，或许在来年夏天就会变成蛹。但通常情况下，它们会在第二年夏天和秋天继续觅食，在冬天再次冬眠。

待第三年春天的觅食期一过，在 5 月的某一天，这些幼虫会聚集在潮湿的土壤里或腐烂的木头下面，为自己建造一间圆顶土房子，当作虫蛹期的住所。几周后，它们终于蜕变为成虫——大雾山的闪亮之星，用它们耀眼的光芒点亮天空。在接下来的故事中，萤火虫幼虫将扮演主角，讲述这片明亮的光在亿万年前是如何进化出来的。

闪光是一种拒绝

萤火虫幼虫的发光部位为位于腹部最下端的一对小斑点。当受到触摸或者震动的干扰时，它们会发光；当它们四处爬来爬去时，也会发光。在整个蛹阶段，它们都会发光，但是变成成虫后通常光就消失了。幼虫发光在萤火虫中是普遍存在的，目前所有已知的萤火虫在幼虫阶段都可以发光，即使成虫不发光。会发光的成虫有一个全新的发光器，这个发光器是在变态的最后阶段发育出来的。

2001年，俄亥俄州立大学的生物学家马克·布拉纳姆和约翰·温策尔通过系统发育分析获得了一项惊人的发现。系统发育分析是一种通过追溯生命树的分支，来回溯进化时间的工具。利用现今关于萤火虫及相关昆虫的形态学（物理形态）知识，两位科学家发现了萤火虫的发光能力首先出现在萤火虫祖先的幼虫阶段的证据。为什么早期萤火虫的幼虫需要发光呢？毕竟幼虫并没有性需求——它们只是孩子，还没到谈情说爱的年纪！

许多有毒或令人讨厌的动物会用鲜艳的颜色——通常是黄色、橙色、红色和黑色——来警告潜在的捕食者。大多数脊椎动物捕食者很聪明，一旦袭击过这样的猎物，它们很快就学会将猎物身上鲜艳的颜色和图案与难闻的味道联系起来，下次看到直接绕道走。例如，帝王蝶用其独特的橙黑相间的斑纹来警告鸟类和其他食虫动物自己是有毒的。天真的冠蓝鸦吃了一只帝王蝶后，会马上吐出来。这次不愉快的经历让它们下次看到帝王蝶就会躲得远远的。

萤火虫幼虫主要活跃在夜晚或地下，虽然在地下发光毫无作用，但黑暗中的一簇光却能让捕食者远远看到。我们已经知道萤火虫幼虫味道欠佳，第七章将会讲到，很多以昆虫为食的动物，如鸟类、蛤蟆和老鼠，接触萤火虫后会表现出典型的厌恶反应：使劲擦自己的鼻子或喙，呕吐，然后逃开。因此，种种证据表明，萤火虫最初进化出生物荧光是为了帮助幼虫躲避捕食者——就像一张霓虹灯警告牌，警告捕食者："我有毒，离我远点！"数百万年后，幼虫用于自保的荧光演变成了成虫求偶的信号。

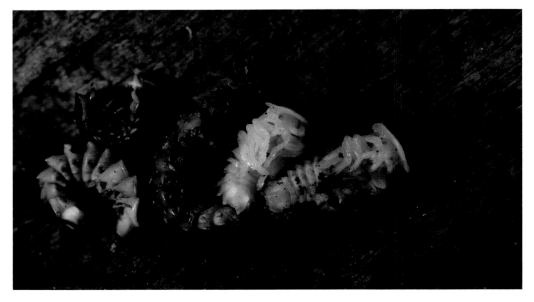

图 2.3 所有萤火虫在幼年时期都会发光。三只是萤火虫幼虫，两只是萤火虫蛹。（西亚·圣克莱尔 摄）

富有创意的即兴之作：萤火虫的进化

我在世界各地旅行时发现，很多人相信上帝创造萤火虫是为了给人类带来惊喜和快乐。我当然明白萤火虫为何备受人们的喜爱和敬畏。有好几个夜晚，当我置身于郊野，被寂静无声的萤火虫之光环绕时，我感觉自己与宇宙建立起了某种深刻的联系。然而，对我来说，萤火虫最神奇的地方在于，它们如何在38亿年的时光隧道中照亮塑造了地球上所有生命的进化之力。

进化是一场复杂无比又极具创意的即兴舞蹈。它始于一些旧事物，虽然缺乏目的和远见，却总能创造出新事物。当生命的轮回中出现一些不一样的东西时，迎接我们的结局有好有坏。每一个新的物种在进化历史中所存在的时间是不一样的，衡量的标准是它有多少子孙后代可以成功进入下一代。物种进化的历史就是一部新旧交替的历史，新物种能取而代之，仅仅是因为它们走得更远。这种随机修补机制持续了几十亿年，不断推动着物种向前发展。

自然选择和性选择这两种强大的力量塑造了包括萤火虫在内的所有生物。在《物种起源》中，达尔文描述了他称之为自然选择的普遍存在的进化力量。由于个体的遗传特征存在差异，它们在获取必要的资源和躲避捕食者的能力上也会有所不同。关于这一点，达尔文写过一段充满诗意的文字：

> 自然选择每日每刻都在满世界地审视着哪怕是最轻微的每一个变异，清除坏的，保存并积累好的；随时随地，一旦有机会，便默默地、不为察觉地工作着，改进着每一种生物跟有机的与无机的生活条件之间的关系。[1]

在达尔文的自然选择学说中，这种个体间的差异所带来的结果是残酷的——要么活下来，要么被淘汰。因此，是自然选择首先促使萤火虫进化出发光这一特性。一旦萤火虫幼虫偶然发现一种生物化学上的创新之举使捕食者望而却步，这种特性就会被保留下来，因为它可以帮助幼虫安全度过漫长的童年。

性选择是一种更为微妙的进化力量，因为它取决于繁殖成功的概率。达尔文在其另一部名著《人类的由来及性选择》中描绘了一个生动的画面，展现了大多数雄性生物奇怪而多余的特征：雄性青蛙不停地呱呱叫，雄性独角仙高举着笨重的犄角，高傲的雄孔雀自豪地展示着自己精美的羽毛。毫无疑问，雄性生物拥有的这些多余的装饰物或武器不是自然选择的结果，因为这些特征既不能帮助它们逃脱捕食者的魔爪，也无助于获取食物。

在达尔文看来，雄性的这种炫耀之物一定是进化而来的，因为它在某种程度上提高了其拥有者的繁殖成功率。动物繁殖不是为了其所属的种群，而是为了自己的利益——实际上是为了确保自己的基因能够得到延续。天赋异禀的雄性身上的威风武器和华而不实的装饰物的确为它们赢得了交配优势。性选择是通过两条不同的途径进行的。有些特征通过增强雄性战胜竞争对手的能力起作用；其他一些特征则赋予雄性对雌性来说难以抵挡的魅力，从而获得繁殖优势。

性选择是谱写出"大雾山迷幻之夜"这一精美篇章的进化大师。在森林里，我

---

[1] 引自苗德岁译本。

目睹了上百只雄性 Photinus carolinus 试图吸引在地下匍匐前进的雌性的注意。它们这种疯狂的发光行为和孔雀开屏是一个道理。这些发光的小生物还证明了进化过程中存在着充满创造力的即兴创作。很久以前，一些发光萤火虫的祖先就将幼虫的"警示灯"改造成一种多功能工具，从而将萤火虫求偶提升到一个全新的高度。

同步交响乐

在所有由性选择造就的迷人仪式中，最壮观的也许当属某些同步发光萤火虫的盛大表演。我们至今还在探究为何只有少数几种发光萤火虫能同步演奏出一曲求爱之歌。

在田纳西州，Photinus carolinus 雄萤组成了一个移动的交响乐团：它们飞舞着，并邀请其他雄性一起演奏一场每闪 6 次停顿 1 次的旋律之歌。与此同时，在东南亚地区，一些雄性萤火虫聚集在被称为"求偶地"的地方，原地不动地闪烁光亮，完成求偶的仪式。其中一种萤火虫名为 Pteroptyx tener，在马来西亚俗称"Kelip-kelip"。每当夜幕降临，成千上万只雄性 Kelip-kelip 便聚集在潮汐河沿岸的红树林中。它们栖息在树叶上，与同伴一起用同一个频率闪烁着光亮。这种求偶方式在昆虫中罕见，倒是与孔雀、极乐鸟以及艾草松鸡等鸟类的求偶系统类似。它们选择这种求偶方式的目的只有一个，即在独具慧眼的雌性面前展示自己。

萤火虫的同步交响乐——无论是静态的还是动态的——都是静默无声的。但在我看来，每一场表演都以某种方式展现出独具一格的音乐表现力。Photinus carolinus 发出的 6 下黄铜色闪光犹如一阵喇叭声从森林中呼啸而过，而 Kelip-kelip 的静态旋律则更像指尖弹拨出的小提琴管弦乐。令人难以置信的是，这些萤火虫居然可以在没有指挥家指挥的情况下完成如此神奇的同步交响乐。

目前，从机械论的角度，我们已经对这种萤火虫的同步发光机制有了一定认识，这一部分将在第六章详细讨论。现在我们要探讨的是，它们为何会同步发光？雄性应该争取雌性的注意，但为什么它们会通力合作，同步发出求偶信号？它们的求偶仪式看起来存在着自相矛盾之处，所以有必要对几个关于同步求偶信号是如何进化而来的假说进行探讨。

一种观点认为，同步性是雄性在吸引雌性注意的竞争中意外产生的。在包括青蛙、蟋蟀和蝉在内的很多生物中，雄性通常会聚集在一起发出呱呱、唧唧、咔哒的叫声来吸引雌性。它们各自发出的有节奏的叫声，通常会有几秒钟的同步。对这些声音信号发出者的研究发现，当雄性的叫声在一定时间内重合时，雌性会被接收到的第一个信号所吸引。因此，如果雄性之间能根据彼此的发光时间来调整自身的发光时间，那么，雌性注意力的偏差就会导致同步，因为每一个雄性都试图抢占先机，以增加自己的机会。这样看来，同步性本身不会给参与其中的雄性带来任何好处，它只是雌性感知偏差的副产品。有证据表明，这种"默认同步"很好地解释了为什么很多昆虫会发出同步性的合唱。我们不确定这是否适用于萤火虫——虽然北斗七星萤火虫雌萤在接受测试时确实表现出这种感知偏差，但是其雄萤通常不会同步发光。

另一种观点是，萤火虫同步闪光可能是一种进化而来的真正的合作行为，因为这对参与其中的所有雄性都有好处。至于这些好处具体是什么，已经出现了几种观点，以下三种观点关注的是同步性是如何帮助萤火虫发现信号的。

第一种观点被称为"保持节奏"假说：当雄性萤火虫同步发出信号，它们可以很清晰地将同种族特有的闪光节奏传递出去。如果其他种类的萤火虫碰巧在同一时间同一地点发出信号，那么，同步的雄性发出的信号会更容易被同种族的雌性识别，从而受益。安迪·莫采夫和乔恩·科普兰对埃尔克蒙特同步萤火虫的研究支持了这一观点。他们用 LED 灯组（发光二极管）模拟雄性萤火虫发出的同步或异步的光，并观察雌性萤火虫的反应。实验发现，相较于异步 6 脉冲信号，雌性萤火虫对同步 6 脉冲信号的反应更频繁。当几只雄性萤火虫同时发出异步信号时，雌性会眼花缭乱，因为雄性一直在移动，雌性很难辨认出它们的闪光类型。因此，在萤火虫极多的情况下，Photinus carolinus 雄萤就能从同步的闪光模式中受益——这种行为会鼓励雌萤作出回应，让它们更容易地识别同种族的雄萤。不过，类似的实验还没有在像东南亚的曲翅萤这样的静止同步器的雌性身上进行。

第二种观点与第一种观点互为补充，认为同步可能提供了一个"安静的窗口"，让雄萤更易觉察到雌萤的反应。在很多萤火虫中，雌性和雄性通过你唱我答的对话方式交换闪光信号。雌性一般在雄性连续发出信号的短暂间隙里发出闪光给予回应。在同步的频率下，雄性更容易在寂静无声的黑暗间隙里观察到雌性的回应信号。

最后一种观点被称为"灯塔"假说。这种观点认为，雄性同步发出的闪光更明亮，在茂密的植被中，这种闪光更容易被身在远处的雌性发现。穿梭在展示树之间的雌性可能会被最明亮的那一棵树吸引。虽然尚未经过实验验证，但这一观点有助于解释曲翅萤雄萤静静地聚集在树上同步闪光的行为。

目前，我们还没有足够的证据来判断以上观点是否正确，所以萤火虫同步闪光的确切原因仍旧是个有趣的迷。每种假说都解释了雄性个体如何通过同步闪光获得吸引雌性的优势。然而，根据达尔文的性选择理论预测，每个雄性必须通过与同伴竞争来获得交配的机会。事实的确如此，第六章将会讲到，一旦雌萤出现，雄萤之间看似矛盾的合作配合立马变成一场残酷的竞争。

萤火虫的一生是一场惊心动魄的蜕变之旅。生命之初，它们是匍匐前行、庸庸碌碌的蝼蚁生物，疯狂进食，疯狂生长；它们是贪婪的捕食者，挥舞着可怕的下颚，麻醉并消化猎物。在生存至上的自然法则中，幼虫进化出光亮和化学气味以击退捕食者。当它们变成成虫时，生命也就走到了尽头。此时，它们满脑子想的都是性，为此茶饭不思。虽然不同种类的萤火虫的求偶仪式不尽相同，但每只成虫在所剩不多的日子里都想尽办法找到另一半，从而完成繁衍子孙后代的最终任务。

现在镜头对准黑夜，让我们加入常见的新英格兰萤火虫的行列，寻找它们成功繁衍的秘诀。7月，萤火飞舞，此时正值它们交配得如火如荼的时节，让我们走到幕后，一探它们光辉灿烂的性生活吧。

第三章

✳ ✳ ✳

草丛中的奇观

所有思想、激情和喜悦，
搅扰俗世之躯的一切，
全都向爱情俯首称臣，
让神圣的爱的火焰永燃。

——塞缪尔·泰勒·柯勒律治

萤火虫的狂欢

当夏日的光亮消失殆尽，一阵凉风拂过新英格兰的草甸，送来青草的芬芳。此时，茂密的草丛中，一支微型军队正缓缓从睡梦中醒来，这是一群即使最敏锐的观察者都容易忽视的生物。雄性萤火虫一只接一只地顺着叶子往上爬，然后，它们在最高点停下脚步，像沉默的黑鹰般准备起飞。虽然已经为夜间搜寻任务做好准备，但是这些雄性萤火虫此行的目的并不是军事占领，而是延续基因。它们不惜一切代价地繁衍后代，只为将自己的基因传递到下一代。在短暂的生命里，这些意志坚定的雄萤每天晚上不断发出光信号。它们为了爱情劳累奔波，但真正能找到另一半的却很少。

这些 Photinus 属萤火虫，是北美地区最常见的萤火虫。幸运的是，相比其他种类的萤火虫，我们现在掌握的 Photinus 属萤火虫的性生活细节是最丰富的。这要归功于几位美国科学家，他们将生命中的每一个夏夜都献给这种萤火虫，研究它们的行为习性。佛罗里达大学的荣誉教授、昆虫学家吉姆·劳埃德就是其中之一。劳埃德出生于 1933 年，在纽约州莫霍克谷附近长大，童年就在钓鱼、打猎、野外嬉戏中度过。劳埃德讨厌上学。他曾在美国海军服役，卖过鞋，在一家饼干厂搅拌过面糊，最后决定去上大学。因为一个班级课题，他去当地的沼泽观察萤火虫，自此沉迷其中，同时惊讶地发现人们对这种奇异的小昆虫知之甚少。整个大学期间，甚至是一生，劳埃德一直对萤火虫保持着热情。

20 世纪 60 年代中期，劳埃德获得康奈尔大学的博士学位。读书期间，他一直在田野、森林和沼泽里追逐 Photinus 属萤火虫的身影。在那几年里，每到夏天，他就开着敞篷小货车穿梭于美国各地。每个夜晚，他都会在偏僻的小路上缓慢行驶，关掉车前灯，头伸出窗外寻找闪光。一旦发现一只萤火虫，他就会将车停在路边，并在附近搭起帐篷。利用秒表、闪光记录仪和由电池供电的图形记录器，劳埃德会仔细记录下接下来几个晚上他所能找到的萤火虫的行为和闪光模式。他还会收集不同闪光类型的萤火虫标本，观察它们的微观特征，以确定它们属于哪个种类。以隐居者自称的劳埃德至今仍对自己"传奇般的不好交际的个性"引以为豪，他喜欢这种伴随着高强度野外工作的孤独的生活方式。当劳埃德完成他的博士论文时，他已经破译了萤火虫用来与未来的伴侣交流的密码。

毕业后，劳埃德进入佛罗里达大学任职，在那里，他将自己对萤火虫的热情投入一项名为"萤火虫的生物学和自然史"的荣誉课程，该课程一直颇受欢迎。劳埃德不喜欢正儿八经的授课模式，而是基于自己对萤火虫自然史的深刻认识侃侃而谈，不时抛出问题，以激发学生的兴趣。去野外考察时，学生们就会带着好奇心研究萤火虫的交配仪式、被蜘蛛捕食和幼虫的进食偏好。

劳埃德虽然已经退休多年，但大家依然称其为"萤火虫博士"。他完全配得上这个称号，因为 50 多年来，劳埃德在野外度过了 3000 多个夜晚，痴迷地记录下北美萤火虫在自然栖息地的习性，并通过 100 多篇科学论文和十几章书中文字，介绍了萤火虫的习性与进化史。

　　我在杜克大学攻读博士学位时，曾邀请劳埃德来学校演讲，那是我第一次见到他，他沉默、严肃、博学多才。虽然外界传言他脾气很差，而且显然他不喜欢西装革履的打扮，但他的性子其实很温和。那一次的演讲是我所听过的最有趣的，劳埃德将他在野外的发现娓娓道来。在漆黑的讲台上，他拿出一个自制的奇特装备，看上去像一根钓竿，只是在钩子的地方挂着一盏小灯。利用这个装置的手指触发器，劳埃德在台上跳来跳去，生动形象地向我们演示了不同种类的 Photinus 属萤火虫所使用的不同闪光模式。

　　在北美，Photinus 属萤火虫约有 35 种。在 20 世纪 60 年代，劳埃德发现每一种雄性发出的闪光模式都不一样（见图 3.1）。根据其所属物种的不同，Photinus 属萤火虫雄性发出单脉冲、双脉冲或多脉冲光信号来吸引雌性。短暂停顿后，雄性又重复一遍这一模式。在光脉冲数、每一脉冲持续的时间，以及脉冲之间的时间间隔等方面，每种闪光模式都是独特的。

图 3.1　生活在北美的 9 种 Photinus 属萤火虫雄萤拥有各自的飞行路线和闪光模式。（丹·奥特绘制，源自劳埃德，1966 年）

因此，雄性闪光的时间，而非它的颜色或形状，传达了关于它的物种身份和性别的关键信息。就像水手们利用独特的灯光模式来辨别他们正在接近的灯塔一样，雌性萤火虫也通过闪光时间上的差异来寻找同种族的雄性。在后面的章节中，我会告诉你如何用劳埃德发现的萤火虫语言和它们进行对话。

定义难以定义的

劳埃德不仅破译了 Photinus 属萤火虫的求爱密码，还发现了几个新的萤火虫种类。他是如何知道它们是新的物种的呢？一个物种指的是什么？物种是一个大家司空见惯的名词，有单数和复数形式。衡量生物多样性的标准就是物种的数量。我们在博物馆的标本上贴上物种标签，从而将精心填充的鸟类、压平的海草或用大头钉固定的昆虫纳入我们人类的分类系统。然而，对生物学家来说，准确地定义一个物种的含义并非易事。性构成了一个被广泛接受的定义——生物学物种概念的基础。生物学物种概念认为，如果两个群体能够成功交配并产生可育后代，就被认为是同一物种。同一物种的成员之间不存在生殖隔离，且共享一个基因库。如果两个群体之间存在生殖隔离，且各自拥有自己的基因库，我们就把它们称为不同的物种。

劳埃德决定将这一生物物种分类标准直接应用到生活在野外的 Photinus 属萤火虫上。他想知道它们之间是否存在生殖隔离。在一次地点交换实验中，他从生活在新泽西州布兰奇维尔的 Photinus scintillans 种群中捕捉了 6 只反应敏捷的雌萤，并把它们送到马里兰州的银泉。第二天晚上，他将 6 只雌萤分别放进 6 个玻璃罐，然后将玻璃罐置于 Photinus marginellus 的繁殖地点。这些 Photinus scintillans 雌萤是否会回应在玻璃罐外展开猛烈求爱攻势的 Photinus marginellus 雄萤？他还将几只 Photinus marginellus 雌萤送到 Photinus scintillans 聚集地，观察它们是否会对其他种类的雄萤发出的闪光作出回应。劳埃德坚持不懈地在 13 对推断物种上开展地点交换实验。他发现，在几乎所有情况下，雌萤都仍忠于自己的基因库——只对同物种的雄萤的求爱信号作出闪光回应。实验结果表明，Photinus 属萤火虫坚定不移地支持着生物物种标准——它们是不同的物种，因为它们不会杂交繁殖。

从野外回来后，劳埃德开始奔波于自然历史博物馆，将自己发现的萤火虫与博物馆收藏的分类参考标本进行比较。对昆虫的正式科学描述一般是基于尸体而作出的，所以必然依赖解剖学上的相似性来区分两个物种。劳埃德发现，他收集的一些 Photinus 属萤火虫在解剖学上是完全相同的，甚至连微小生殖器的迷人曲线都别无二致。所以，根据正式的描述，它们应该属于同一个物种。但是，劳埃德在野外目睹过它们闪闪发光的鲜活模样。他看到它们发出完全不同的求偶信号，基于这些不同的求偶信号，即使为它们创造了充足的条件，它们也不会进行杂交繁殖。虽然它们死后形态一致，但活着的时候却很容易区分彼此。因此，劳埃德开始总结新的科学描述，利用闪光行为的差异来区分这些过去看似神秘的物种。

在其他生物中，定义一个物种也许更加艰难，包括北美地区的 Photuris 属萤火虫。Photuris 属萤火虫可以在不同的闪光模式之间快速切换，因此，在对它们进行分类时，Photuris 属萤火虫的闪光行为的作用就不大了。有时，两个看似不同的物种可以杂交产生中间杂种。连花费诸多心血研究物种的查尔斯·达尔文，也不太热衷于对其进行定义。"谈及'物种'时，博物学家们的观点总是五花八门，每每见此，都觉荒唐可笑。"达尔文在一封书信中写道，"在我看来，这一切都源于试图去定义那些难以定义的东西"。虽然生物物种的概念毫无疑问是实用的，但分类的界限往往是模糊的。

走入这片夜色

让我们回到新英格兰的草地，重新加入这些在夜色中寻觅爱情的发光小昆虫的行列。这片草地是 Photinus greeni 的家，这种萤火虫的雄性会发出独特的间隔 1.2 秒的快速光脉冲。雄萤大军盘踞在草叶上，耐心地等待着黑夜降临。它们飞到空中，开始夜间巡逻，并每隔 4 秒就会向旁观者发出信号："我是 Photinus greeni 雄萤，我在这儿！我是 Photinus greeni 雄萤，我在这儿！"每一次闪光后，雄性萤火虫会停一会儿，以等待雌性的回应。因此，今晚这片草地上的主旋律是：闪光—闪光—盘旋—等待……闪光—闪光—盘旋—等待……闪光—闪光—盘旋—等待。雄性在雌性可能出现的地方不断发出求爱信号，然后再飞到下一个可能的雌性聚集地。数以百计的雄萤在这片草地上飞舞盘桓，流动的萤火仿若洒满阳光的海面。

对萤火虫来说，最可怕的噩梦是什么？有时我想一定是它们开始求偶时却天公不作美，暴雨倾盆。一天夜里，我看着雨滴砸在这些小东西身上，然后，它们就像湿漉漉的流星般坠落在地。翅膀湿了，这意味着今晚无法继续飞行了。落汤鸡一样的雄萤只能用双脚继续求偶之旅，当它们拖着沉重的脚步在草地上寻觅雌萤时，时不时会发出闪光。

然而，它们渴望见到的雌萤在哪儿呢？ Photinus greeni 雌萤虽然具有飞行能力，但它们一般不会将宝贵的能量浪费在飞行上。相反，它们静静地在草叶上憩息，就像单身酒吧里独自而坐的女士。如果一只雌萤注意到一只极具吸引力的雄萤，它就会赏赐般作出回应：朝着雄萤的方向发出调情般的回复信号。Photinus 属萤火虫的雌性通常会发出一种持续时间较长的闪光，这种闪光会逐渐增强，再逐渐消失。在求偶过程中，时间就是一切。不同种类的 Photinus 属萤火虫雌性回应前的等待时间是不同的。雄性就根据这些不同的反应延迟来识别属于自己物种的雌性。Photinus greeni 雌萤的反应延迟很短：雄萤发出信号后不到 1 秒，雌萤就会发出由弱到强的回应信号。

来点零食

雄性萤火虫飞舞闪烁时脑子里想的是性，其他聚集于此的夜行生物则想着饱餐一顿。这片草地是数百只狼蛛及其表亲圆蛛的家，它们都迫切地希望萤火虫能出现在今晚的菜单上。它们在最高的草茎之间织起一张大网，为那些粗心大意的小飞虫设下一道隐形的陷阱。今晚，很多不幸的雄萤会撞上蛛网，被黏黏的蛛丝紧紧缠裹，无力地垂悬于草叶之间（见图 3.2）。这些萤火虫死后，荧光不会马上消失。我们的

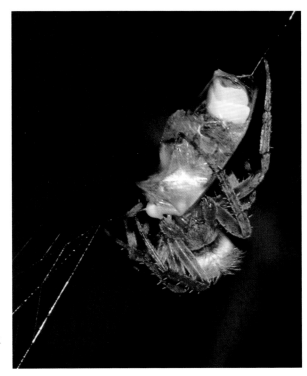

图 3.2　一只不幸的雄萤落入蜘蛛的陷阱，求偶之旅戛然而止。（范·特鲁安　摄）

野外笔记里满是对被蛛丝包裹的萤火虫的观察，它们被困住很久之后，仍有节奏地闪着光。它们的闪光吸引了其他萤火虫，有时这些新来者也会被蛛网缠住。或许这些蜘蛛已经学会如何将手中的俘虏变成会发光的诱饵。

　　在这场性和死亡的赌博中，萤火虫的胜算有多大？吉姆·劳埃德决定一探究竟。他从佛罗里达州的盖恩斯维尔出发，去往 Photinus collustrans 这种萤火虫聚集的一片草地。劳埃德利用自己锐利的双眼以及一个计数器和一台测距轮，花了几个晚上追踪观察了 199 只雄性萤火虫，每次观察一只。这些萤火虫累计飞行里程超过 16 千米，发出近 8000 次闪光。只有两只雄萤成功找到了另一半，另有两只雄萤成了捕食者的盘中餐。对 Photinus 属萤火虫的雄萤来说，寻找配偶无疑是一场高风险的生殖轮盘赌。

亲密接触

在新英格兰的草地上，雄性萤火虫仍然停悬在空中，耐心搜索了近 20 分钟。现在，终于有一只雄萤捕捉到了一丝回应的光亮。时间延迟表明，两者恰好属于同一物种——终于有一只雌萤回应了！雄萤立刻从空中降落到对方附近。当它步履蹒跚地走向那只雌萤时，雌萤突然发出了调情式的闪光。雄萤急匆匆地跑到一根草叶上，又在半道停下来，然后闪了一下。这次对方会回应吗？没有。它爬到更高的地方，停下来，又闪了一下。这次对方回应了，但糟糕的是，雄萤似乎走错了方向，它必须沿路返回。断断续续的求爱对话还在继续，雄萤在草叶上焦急地跑上跑下，寻找着雌萤的芳踪。一个小时过去，雄萤终于发现雌萤就在自己正上方——它们在同一片草叶上！雄萤立马冲上去，爬到雌萤背上，将自己的生殖器对准雌萤的生殖器，交配开始。但在交配完成之前，雄萤必须转过身来，面朝相反的方向。雄萤必须具备高超的杂技技巧，才能在如此狭窄的草叶上摇摇晃晃地完成这一壮举，同时又不会摔落在地。一旦调整好尾部对尾部的姿势，它们就会停止闪光（见图 3.3）。

闪光停止后会发生什么呢？当我在 20 世纪 80 年代开始研究萤火虫时，大多数研究都集中在萤火虫的求偶闪光行为上。一旦交配开始，大多数神志正常的科学家就收拾行囊，回到家中，躺在床上睡觉了。但我对萤火虫的性生活太好奇了。它们的交配会持续多长时间？会不会是一夜情？会不会只是一次短暂的交配，完事之后马上赶赴下一场约会？

为了找出答案，我和我的学生花了无数个不眠不休、蚊子环绕的夜晚，在波士顿郊外的田野里追踪 Photinus 属萤火虫。每晚 8 点 35 分，我们拿着剪贴板，戴着配有蓝色滤镜的头灯——萤火虫看不清蓝色，准时到达观察地点。9 点，当雄性萤火虫出发寻找雌性时，我们也四处奔跑，找寻尽可能多的作出回应的雌性。标记好雌性栖息的地点后，我们用无毒的颜料在每个雌性身上画一个小点。然后，我们就坐在折叠凳上，观察被标记的雌性和飞过的雄性的对话。我们耐心地等待着，有时萤火虫的求爱对话可以持续数小时之久。等到其中一对找到彼此，我们就记录下它

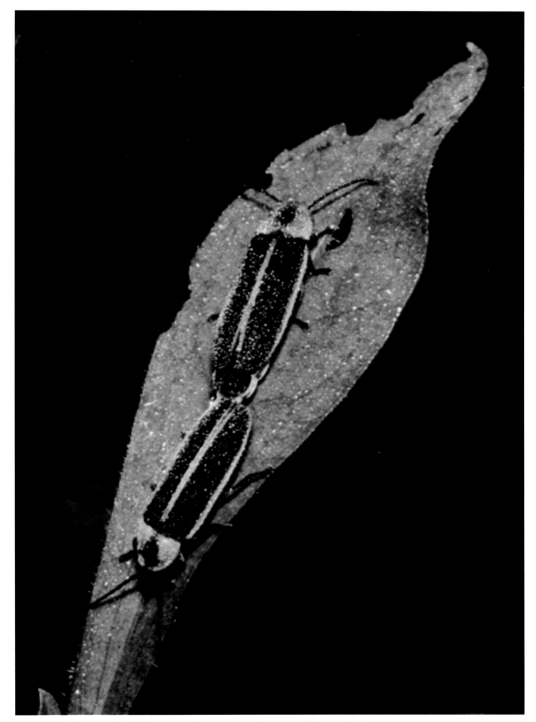

图 3.3　一对正在交配的 Photinus 属萤火虫。（上方是雌萤，下方是雄萤，作者　摄）

们开始交配的时间，然后便去巡视其他萤火虫的情况。整个晚上，每隔半个小时，我们就会检查一下每对萤火虫是否还在交配。当天光初现，鸟儿们开启黎明的合唱，我们仍尽职尽责地在数据表上写下"正在进行交配"。直到破晓时分，这些交配中的萤火虫才正式分开，各自爬下草叶"洞房"，分道扬镳。虽然一夜没合眼，但我们还是很兴奋地发现 Photinus 属萤火虫每晚只交配一次。它们长时间的交配行为就是科学家所说的"交配防御行为"，是雄萤用来防止雌萤逃跑，并驱逐当晚后来追求者的一种行为。

于是，这对恋人如胶似漆地甜蜜一整晚，直到黎明才不情不愿地分手。这一切看上去是如此浪漫，但事实真的如此简单吗？

战利品属于胜者

不，事实远没有这么简单。20 世纪 80 年代早期，动物行为学领域处于不断发展变化之中。新兴的行为生态学迅速取代了传统行为学，后者侧重于描述固定不变的行为模式。行为生态学家则选择了一种更先进的方法：他们试图找出个体之间的行为差异，以及这种差异如何影响个体生存和成功繁殖的能力。劳埃德是最早主张将达尔文关于性选择的理论应用于昆虫，尤其是萤火虫的学者之一。在搜集详细的自然史观察资料时，他一直在思考性选择是如何塑造萤火虫的形态和行为的。受劳埃德观点的启发，我开始了自己的后院探索，这最终变成了一个长达数十年的研究项目，揭示了萤火虫性生活的诸多秘密。

我至今仍记得那个闷热的夏日黄昏，我偶然发现了萤火虫的一个惊天大秘密。当我和奥菲厄斯——一只黑色拉布拉多——坐在位于北卡罗来纳州达勒姆的家中后门廊上，欣赏着从草丛中升起的萤火虫云团时，我不禁怀疑：在这群萤火虫中，雄性和雌性的数量是一样的吗？我抓起捕虫网（生物学研究生通常会随身携带这些东西），跳下门廊，将我所能捕捉到的所有飞行生物一网打尽。不一会儿，我就捕到了几百只萤火虫，它们被我装进一个大塑料罐里。在接下来的几个小时里，我小心翼翼地一只只取出来放在手中观察，根据它们发光器的形状来判断性别。当我观察了两百多只萤火虫，其中没有一只是雌萤时，我惊呆了。

通过翻阅学校图书馆的资料，我了解到要想找到Photinus属雌萤，必须去草丛里，所以接下来的几晚我都躲在草丛里。奥菲厄斯的祖辈历来都是狩猎冠军犬，它也就理所当然地成为我的第一个野外助手。直到过了午夜，我们还待在草丛中，根据雌萤发出的光来锁定它们的位置。每找到一只，我就插一面塑料标记旗标出它的位置。奥菲厄斯意识到我在做什么后，就知道如何发挥自己的指向技能了。只要我远远地看到奥菲厄斯伸长着鼻子，抬起前爪，我就知道它又发现了一只雌性萤火虫。最后数旗子的时候，我惊讶地发现只找到了 12 只雌性萤火虫！雄萤追求雌萤的竞争异常激烈：218 只雄萤向 12 只雌萤示爱！那几个晚上，我心中油然而生对雄萤的敬佩，它们在找到伴侣的概率如此之低的情况下竟如此执着。

对几乎所有生物来说，雄性和雌性的基本概念都是基于其生殖投资的基本不对称性。这一切都始于它们的配子。根据配子的定义，雌性是生产卵细胞的一方，这些巨大的、无法移动的卵细胞充满了细胞器和其他含水量高的细胞质碎片。相比之下，雄性的精子只不过是微小的可移动 DNA 片段。除了这种配子不对称性外，雌性通常会在生育前或之后投入更多的精力来照顾后代。20 世纪 70 年代，生物学家罗伯特·特里弗斯提出，父母投资中的这种根本性性别差异，最终导致了我们在动物王国中经常看到且反复上演的经典求偶行为的进化。一般来说，雄性比雌性更需要参与竞争——一些澳大利亚的雄性甲虫经常饥渴到试图与废弃的啤酒瓶交配而死亡！相较之下，雌性比较害羞，对伴侣往往非常挑剔。这种几乎普遍存在的模式是由雄性和雌性在生育后代方面的相对投入不同造成的。雄性——投入少的一方——注定一生都在竞争，而雌性——投入多的一方——面临的风险更大，也更挑剔。特里弗斯的亲代投资理论的一个推论是，雄性在求偶过程中应该更加主动，投入更高的成本。这不仅包括贵重的雄性装饰物和武器，还包括寻找雌性或者铤而走险地炫耀自己的雄性行为。

事实证明，在我位于北卡罗来纳州的后院里，偏雄性的性别比例一次又一次出现在昆虫身上。雄性之间的竞争导致了许多不同寻常的交配行为的进化。例如，雄性往往更早开始变态过程，并且比同物种的雌性更快蜕变为成虫。这种雄性性征提前出现的现象叫作"雄性先熟"，这种现象在蝴蝶、蜉蝣、蚊子和萤火虫中很常见。雄性之间的竞争甚至迫使一些雄性昆虫去找"童养媳"。在某些蜘蛛、蚊子和蝴蝶中，雄性会小心翼翼地守护着尚未成熟的雌性，赶走竞争对手，耐心地等待雌性性成熟。一些热带袖蝶属的雄蝶会守候在雌蛹旁达数日之久，将生殖器直接插入蛹内，一旦雌性化蛹，它们就能交配。一些雄性萤火虫也使用"童养媳"策略，保护着尚未成熟的雌性萤火虫，待它们破蛹而出，就开始交配。

在这场交配角逐大战中，第一个找到雌性的并不一定就是最终的胜者。经典动画电影《小鹿斑比》中，有一个精彩刺激的场景：两头成年雄鹿用各自的鹿角锁住共同追求的雌鹿。在很多甲虫、爬行动物和哺乳动物中，雄性已经进化出角、长牙和刺，只为在求偶大战中获得优势。在萤火虫的世界里，这种雄性之间的竞争则要微妙许多。如果一只雄萤能非常幸运地找到雌萤并与之进行闪光对话，那它们几乎没有机会窃窃私语。闪光对话就像磁铁，能迅速吸引其他雄萤。很快，每只雌萤就被一群追求者包围，追求者们争先恐后地发出闪光，只为吸引雌萤的注意。

如果你准备好一把折凳，坐下来花些时间仔细观察这些竞争者的求爱，也许会发现一些特别狡猾的追求行为。当几只雄萤共同追求一只雌萤时，其中一只雄萤会佯装雌萤发出类似回应的闪光，看起来就像雌萤的闪光，先变亮，再慢慢消失，还模拟雌萤特有的反应延迟。根据我往常找寻雌萤的经验来看，这种伪装的雌萤闪光非常逼真。由此看来，这些雄性萤火虫已经想出了一个聪明的方法来混淆视听，引诱竞争对手远离雌性。

虽然雄性萤火虫没有明显的武器，但它们之间的竞争有时会非常激烈。在北斗七星萤火虫中，有时会有多达 20 只雄萤围绕着一只雌萤，形成一个扭动的相思结。雄性猛力推搡彼此，用头盾驱赶对手。最终，一只雄萤获胜，抱得美人归。然而，雄萤获胜的秘诀是什么，至今仍无从知晓。在可怜的落败者或曾经满怀希望的失败者中，有几个经常爬到获胜的情侣身上，堆起来有六只高。或许这就是为什么东南亚地区的雄性曲翅萤会用它们的鞘翅紧紧夹住配偶的腹部——这看上去确实是个防止恶意抢占配偶的好方法。

从性选择的角度来看草丛上方绚丽的荧光表演，我们会得到截然不同的观点。为了基因的延续，数百只雄性萤火虫飞舞着，闪烁着爱之光。雄性夜复一夜地闪来闪去，与众多竞争对手争夺着稀少的雌性。夜间飞行需要消耗大量的能量，而这些能量就来自雄性在幼虫阶段的疯狂进食。而且我们知道，雄性在求偶过程中不仅要为了飞行消耗能量，还面临着虎视眈眈的捕食者。对萤火虫来说，求偶绝对是一个需要支付高额门票、后果由雄萤承担的赌注。

女士的选择

达尔文提出的性选择的第二种机制——雌性选择，相对而言更加容易引发争议。在 1871 年的著作里，达尔文有条不紊地讲述了他对动物王国的研究，用十分详细的案例展示了从甲壳类动物、昆虫到鱼类、两栖类和爬虫类动物中的雄性拥有的奢侈装饰物。他特意用了好几个章节来讲述鸟类的性装饰物：

雄鸟……通用各种各样的声乐或器乐来吸引雌鸟。它们身上装饰着头冠、肉垂、隆起物、角、气囊、顶节、光秃秃的杆状物，以及从身体各部位长出并优雅地伸展开来的长翎羽，等等。鸟喙、头部周围裸露的皮肤以及羽毛通常有着艳丽的色彩。雄鸟有时通过舞蹈，抑或在空中或地面上表演滑稽的动作来求爱。有些雄鸟会释放出麝香气味，在我们看来，这可能是为了吸引或刺激雌鸟的。

如此多样且广泛的雄性性装饰物是如何进化而来的？达尔文认为，雌性必然以某种方式利用这些装饰物来评估和选择配偶。他列举了数百个例子来支持自己的观点：雌性通过评判雄性的求偶表现、声音、羽毛和其他装饰物，来选择它们认为最"漂亮"的雄性作为交配对象。达尔文很快预见到这一观点可能会招致的反对意见，所以他接着解释："毫无疑问，这意味着雌性具有辨别和品味的能力，而这在一开

始看起来是极不可能的。"

达尔文是对的。19世纪末的男性科学家，包括达尔文的同事阿尔弗雷德·拉塞尔·华莱士都坚信，选择配偶所需的认知能力远远超过雌性动物所具备的能力。尽管维多利亚时代的英国已经普遍接受了雄性会激烈争夺雌性这一观点，但要承认雌性，特别是人类女性在这场两性游戏中也是积极主动的一方，无疑是违背文化传统的。在20世纪初的几十年里，进化生物学家被现代综合论吸引，该理论结合了达尔文的选择理论和孟德尔关于基因遗传的发现。现代综合论的核心是自然选择和基因突变在形成基因变异这一选择的原材料中的作用。几十年来，达尔文关于通过雌性选择来进行性选择的观点一直受到科学界的冷落、忽视，甚至遗忘。

直到20世纪中叶，达尔文关于雌性主动选择配偶的观点才开始受到严格的科学审查。两条平行的研究途径最终将雌性选择提升为被广泛接受的性选择模式。在20世纪30年代，对安乐蜥的实验室研究发现，雌性安乐蜥更容易被有亮红色喉部垂肉的雄性，以及它们有力的伏地挺身及头部上下摆动的动作所吸引。与此同时，人口遗传学家和统计学家罗纳德·费希尔爵士出版了他的著作《自然选择的遗传理论》。书中，费希尔从理论上解释了雌性对部分雄性特征的随意选择是如何使该特征在进化过程中被迅速放大的。这一领域得到爆炸式发展，在此后的几十年里，性选择研究人员把重点放在了雌性选择上。到20世纪90年代，大量的科学研究已经证实，雌性确实会主动选择配偶，而这种决定是基于雄性外表和行为上的细微差异作出的。

多年来，我一直在野外近距离观察萤火虫的求偶互动，我发现雌性Photinus属萤火虫非常挑剔。即使是最热情的追求者，也很难打动它们，赢得回应：一个晚上，它们通常只会回应不到一半的追求者的求爱。当一只雌萤对某位追求者特别有好感时，它会更加稳定地发出回应信号。而能收到最高回应频率的那位追求者就将是得到美人青睐的幸运儿。因此，对一只雄萤来说，仅仅是得到一只雌萤的回应，就能让它在繁殖竞赛中占据重要的优势。

那么，雌性萤火虫眼中真正的性感是什么样的呢？

在过去的15年里，萤火虫生物学家设计出了一些聪明的实验来帮助回答这个问题。多年前，吉姆·劳埃德的研究就已经告诉我们 Photinus 属雌萤通过雄萤的闪光时间来区分不同物种的雄萤。其实，同一物种的不同雄萤的闪光之间仍然存在细微差别。这种差异通常很微小，人眼无法察觉，但当你用电脑记录并对比不同雄萤的闪光时，可以很容易发现。在一些物种中，雄性萤火虫有不同的闪光持续时间，而其他物种的雄萤则有不同的闪光频率。雌性萤火虫喜欢这些差异。

为了解释雌性在雄性求爱时的关注点，动物行为学家经常使用再现实验。例如，为了弄清楚雌性蟋蟀、青蛙或鸟类更喜欢什么样的雄性求爱之歌，研究人员用扬声器重复播放不同的歌曲，然后观察哪首歌能吸引最多雌性的注意。同理，为了找出雌性萤火虫最喜欢哪种闪光，研究人员进行了类似的再现实验。研究人员将 LED 灯连接到电脑上，这样能更容易地模仿雄萤发出的闪光。当一只雌萤发现它喜欢的闪光时，会发出闪光作为回应——多么方便啊！在不同种类的雌性萤火虫身上进行这种实验，是为了回答一个至关重要的问题：对雌萤来说，什么样的闪光最具吸引力？

美国堪萨斯大学的萤火虫研究人员马克·布拉纳姆和迈克·格林菲尔德在 1996 年首次使用这种方法来研究 Photinus consimilis 雌萤最喜欢什么样的闪光。该物种的雄性萤火虫使用的闪光模式由 6 ~ 9 个脉冲组成，每隔一段时间重复一次，以此来吸引雌性。研究人员来到密苏里州的咆哮河州立公园，录下 61 只雄性萤火虫寻找雌性时所使用的闪光模式。他们分析后发现，这些雄性萤火虫的闪光信号也不一样。他们还把几只雌性萤火虫带回实验室，为每只雌萤播放一系列精心设计的闪光。在保持闪光颜色和强度不变的情况下，他们分别改变了每种闪光模式的脉冲数、每个脉冲的持续时间和脉冲的频率。通过观察每只雌萤对每种闪光的反应，他们发现雌萤并不太在意它们看到的脉冲的确切数量或持续时间，但对不同的脉冲频率会作出不同程度的反应。在每一项测试中，它们对脉冲频率高的闪光反应很积极，对脉冲频率低的闪光则完全没有反应。这是一个具有开创性的实验。首先，这证明了即使在同一个物种中，雄萤的闪光时间依然存在差异；其次，这揭示出雌萤非常关注未来配偶之间的差异；最后，这表明性选择倾向于脉冲频率较高的雄萤，因为这正是雌萤所喜欢的。

类似的光再现实验还用在了 Photinus 属的其他萤火虫上，这些实验室实验表明，对一只雄萤来说，拥有合适的闪光是俘获雌萤芳心的关键。我的学生克里斯·克拉茨利在塔夫茨大学攻读博士学位时研究的是另两种 Photinus 属萤火虫。这两种萤火虫的雄萤使用单脉冲的闪光来求爱。克拉茨利发现，Photinus ignitus 雄萤的脉冲持续时间存在 1/20 ～ 1/10 秒的自然差异。通过使用不同的闪光向 Photinus ignitus 雌萤求爱，克拉茨利发现它们更喜欢脉冲持续时间长的闪光。对北斗七星萤火虫的研究也发现，雄性的脉冲持续时间上存在差异，雌性也偏好较长的脉冲持续时间。因此，对 Photinus 属萤火虫来说，雄性的闪光时间不仅传达了它的物种身份和性别信息，还决定了它对雌性的吸引力。雌萤显然更喜欢更明显的雄萤求爱信号，包括脉冲频率更高或脉冲持续时间更长的信号。这就产生了一个令人困惑的问题：基于雌萤的这种偏好，为什么雄萤不能进化出频率更高、持续时间更长的闪光信号？在后面的章节中会讲到，其他生物虽然未寻找伴侣，但也在关注着雄萤的求爱信号。

角色反转：性别逆转的求爱角色

达尔文描述了恋爱中经典的角色关系——雄性之间为了挑剔的雌性而竞争，这解释了萤火虫的很多行为。但有时形势会逆转。雄萤比雌萤更早成年，也就更容易被捕食者吃掉。所以到了夏末，雌萤的数量会远超雄萤。雌萤翘首以盼，但潜在的伴侣太少了。在这种情况下，雌萤再也不能挑三拣四了，几乎一看到闪光，就会作出回应。

事实上，它们甚至会回应你！如果你在雄性萤火虫数量达到顶峰期后一周左右之时穿过萤火虫群，就能找到这些处于求偶期尾声的雌性萤火虫。将笔形手电筒朝着地面闪烁，你会看到众多雌性萤火虫从聚集的地方发出整齐划一的闪光。这是我最喜欢的恶作剧——看到这么多平常不见踪影的雌性萤火虫同时回应我的闪光，我总是异常兴奋。

夏季即将过去，此时还有少量的雄性萤火虫在等待交配，现在轮到它们来挑选伴侣了。为何此时雄性变得挑剔了呢？因为每一个雄性都希望生育更多的后代。20世纪90年代中期，我的塔夫茨大学学生团队发现，处于求偶期尾声的雄性萤火虫会主动选择产卵最多的雌性。但雄萤是如何知道哪只雌萤产卵最多的呢？原来，在与雌萤交配完后，它们会用腿丈量雌萤的腰围。雄萤在寻找身材最好的雌萤——它的腹部最大，因为携带着很多待受精的卵子。即便需要在费尽周折地追求、寻找、用腿丈量不同的雌萤后，才能找到最丰满的那一只，但雄萤似乎认为这是一种进化上有价值的策略。

至此，我们对 Photinus 属萤火虫交配习惯的夜间观察就结束了。对我们追踪的 Photinus greeni 雄萤来说，这是一个精疲力尽的夜晚，它们整晚都投入到热烈的求爱和激情的闪光交流中。但即使是那些为数不多的成功找到伴侣的幸运儿，任务也并没有结束。达尔文的性选择理论只关注交配成功率，但对萤火虫来说，仅仅交配是不够的。单靠一晚的成功交配还不足以完成繁衍后代的重任，因为明晚它的配偶也许会找到另一个伴侣。因此，为了赢得进化之路上的最终大奖，雄萤必须确保自己能让雌萤生育最多的后代。为了达到这一目的，雄萤必须依靠一些特殊的技能，这部分内容将在下一章呈现。

每当我在夜色下的田野里观察这些萤火虫时，总会想起一个人——吉姆·劳埃德，公认的萤火虫语言学专家。他的不懈努力，成为破译这些无声对话的关键。几年前，在一个炎热的夏日傍晚，劳埃德开着一辆布满灰尘的老旧露营车来到我位于波士顿郊外的研究基地。当我们花了好几个小时踏过泥泞的田野，穿过高高的草丛，怀着崇敬之心观赏萤火虫时，他不禁欣喜若狂。虽然他摆出一副脾气很不好的样子，但我清楚地感受到，没有什么能减少他在夜晚的野外被萤火虫环绕时的那份喜悦。在萤火虫世界里，他简直就是一个天才。

第四章

* * *

闪光中，你我共结连理

赠礼的伟大艺术在于：

礼物虽价廉，

却令人梦寐以求，

如此才可获得更丰厚的赞赏。

——巴尔塔沙·葛拉西安

当夜色降临

人们经常问我是如何开始研究萤火虫的。奇怪的是，我对小时候追逐或捕捉萤火虫的记忆并不多。直到我在哈佛学习博士后项目后，我才开始认真考虑研究萤火虫。为什么选择萤火虫呢？因为它们清晰易解的求爱信号、成虫短暂的生命，与我对性选择进化游戏日益浓厚的兴趣完美契合。在过去的 30 年里，我在塔夫茨大学扩展了我对萤火虫的研究。幸运的是，有一帮有才华又勤奋的学生加入我的研究团队。怀揣着热情、洞察力和好奇心，这些明日的科学家忍受着狂风暴雨、蚊虫肆虐、臭鼬毒藤，只为更深入地了解萤火虫的性生活和进化。

在一个异常忙乱的夏天，我的丈夫开始了他的临床心脏病学研究，所以大部分晚上他都在医院忙碌。也就在那时，我们 5 个月大的儿子成了我研究团队中最年轻的成员。我带着他来到野外，仔细地在他四周裹上蚊帐，然后将他的婴儿座椅放在还挂着露珠的草地上。每天晚上，萤火虫和星星在他头顶盘旋闪烁，我和学生则去收集萤火虫性生活的数据。我有时会想，是不是每晚伴着星光入睡让这个小家伙立志长大后成为一名理论物理学家，探索浩瀚宇宙的奥秘。

20世纪80年代末，我决定探究萤火虫之光消失后到底发生了什么，从中获得了很多令人兴奋的发现。如上一章所述，我们的研究显示Photinus属雌萤每晚只交配一次。它们会在第二天晚上另找一个伴侣吗？

为了记录单个萤火虫的交配历程，我们使用了一种技术含量低但很有效的方法。我们用小旗子标记出发现雌性萤火虫的位置，然后小心翼翼地用颜料在它们的鞘翅上绘制一种独特的圆点图案标记。它们不常移动，所以我们可以很容易地在释放它们之后重新找到它们。每晚我们都会观察这些做了标记的雌萤在干什么。我们记录下它们是否以及何时对雄萤的求爱信号作出回应，是否、何时以及与谁交配。整个夏天，我们都尽职尽责地记录下每晚萤火虫的幽会。

图4.1 作者正在寻找一只被单独标记的雌萤，希望在其短暂生命中的每一个夜晚追踪它的交配历程。（丹·珀尔曼 摄）

虽然它们每晚只交配一次，但在为期两周的成年生活中，雄萤和雌萤都选择了许多不同的交配对象。我知道这一点看上去有点难懂。雄萤到处寻欢作乐毫不令人意外，但雌萤拥有多个交配对象这一发现具有重大意义。

20 世纪 80 年代末，对动物交配系统的研究发现了一个意想不到的趋势。通过复杂的基因亲子鉴定实验，研究者发现雌性与不同雄性交配的现象非常普遍。在生物学家眼中，这种现象在自然界里司空见惯：从粪蝇到麋鹿，从蚂蚁到地松鼠，从田鼠到细尾鹩莺，从蜜蜂到家燕，显然萤火虫也包括在内。以上物种的雌性一般会和好几个雄性交配并繁育后代。绝大多数鸟类的性生活混乱到令生物学家感到震惊。我上大学时学习的动物行为学课程中，鸟类被视为一夫一妻制的典范。它们在我们身边过着甜蜜的二人世界，它们的二重唱让空气都变得甜美，它们共筑爱巢，共同抚育后代。但是在这一幕幕恩爱甜蜜背后，雌鸟肯定是在外面贪玩的那一方。生物学家发现这种所谓的配对外交配并不仅仅是为了好玩。以华丽细尾鹩莺——一种迷人的澳大利亚鸣鸟为例，雌鸟和雄鸟一生都生活在一起，共同抚育后代。但是在巢里嗷嗷待哺的宝宝们中，有 2/3 的宝宝的父亲都不是母亲的主要性伴侣。

这一切到底意味着什么呢？事实证明，该发现意义重大。普遍存在的雌性滥交现象挑战了我们对性选择的所有认知。达尔文认为，雄性只要成功与雌性交配，它的进化就算成功了。但是现在很明显的是，这一关键进化过程远不止于单纯的交配。当一个雌性和几个雄性交配时，繁殖这场游戏就又增加了好几个回合。交配变成了必要但不充分条件，因为雄性的精子无法平均地分配到雌性的卵子，它们必须和同伴竞争，以繁育自己的后代。即使雄性选好了对象，但能否成功当上父亲，还得雌性说了算。雌性滥交现象的发现开辟了一个新的研究领域，即交配后性选择。在过去的 20 年里，行为生态学家发现动物在交配过程中和交配后会采取一些精妙的策略来赢得这场永不落幕的繁殖游戏。

爱恨情愁，精子大战

那么雄性可以做什么呢？它需要赢得进化的终极大奖：比其他雄性繁育更多的

后代。显然，它需要和很多雌性交配，也需要和竞争对手争夺父权，以确保它的精子在受精雌性卵子时抢得先机。

在这场激烈的精子之战中，雄性进化出了可能在动物界中最疯狂的行为和最奇怪的结构。雄性麋鹿的鹿角和甲虫的角等武器都是通过性选择制造出来的，可用于公开的战斗。精子之间的竞争则促使动物进化出了更微妙的生殖器武器，在雌性生殖系统内部秘密地进行殊死搏斗。大多数雌性昆虫都有特殊的容器来储存交配时接收到的精子。精子可以在这些容器中存活数周甚至数月，然后雌性再用精子使卵子受精。因此，交配时，雄性不仅必须传输自己的精子，还必须排挤雌性精子库中其他竞争对手的精子。这就解释了为什么雄性生殖器经常被吉姆·劳埃德喻为"一把名副其实的小型瑞士军刀"。

昆虫的阴茎上有各种各样的铲子、刚毛、突起和刺。和细长结实的通渠蛇[1]一样，这些阴茎左弯右拐地深入雌性的生殖道。例如，豆娘的阴茎具有古怪的旋涡和角，角上生有朝后的刚毛，这种奇特的构造可以让雄性在传输自己的精子前成功地清除掉之前储存在雌性体内的 90% ~ 100% 精子。每种豆娘的雄性都进化出了形状不同的阴茎，可以巧妙地穿过各自雌性的生殖道。

大多数雄鸟没有阴茎，所以它们会通过一些奇特的行为来守护它们的父权。林岩鹨是一种麻雀大小的黄褐色欧洲鸣鸟。每到繁殖季节，雌鸟经常四处寻找不同的雄鸟进行交配。因此，雄鸟会一直啄雌鸟的尾部，直到雌鸟排出其他雄鸟的精子后，才开始交配。

精子之间的竞争迫使雄性两线作战。即使已交配成功并成功传输了精子，雄性也要防着未来的竞争对手。现在，作为防守方，雄性需要阻止雌性再次交配，因为这些随后而来的雄性可能会危及它的父权。上一章讲过，一些 Photinus 属萤火虫的交配时间是从黄昏到次日黎明，在此期间的大部分时间里，雄性都忙于保护交配伴侣，以防止雌性当晚再与其他雄性交配。不过，与雄性竹节虫相比，雄性萤火虫的耐力就相形见绌了。竹节虫虽然看上去弱不禁风，但是雄虫却可以和雌性伴侣身体

---

[1]通渠蛇：一种细长而灵活的螺旋钻，用来清除水管中的堵塞物。

连在一起达 79 天之久！其他昆虫的雄虫则依靠"化学贞操带"来确保能使雌虫的卵子受精。袖蝶属的蝴蝶交配时，雄蝶会在雌蝶身上释放一种浓郁的香味，这种味道很持久，具有抑制情欲的作用，能警告其他雄蝶离雌蝶远点。

因为交配后性选择通常发生在雌性体内，所以从逻辑上来说，雌性可以影响雄性守卫父权的成功与否。科学家将这一现象与更容易观察到的配偶选择作类比，称其为"神秘的"雌性选择。对甲虫、蟋蟀和蜘蛛的研究表明，雌性确实能控制雄性精子的传输、储存，以及用其使卵子受精。雌性也可以选择重新寻找雄性并快速交配。虽然"神秘的"雌性选择现象尚未在萤火虫中发现，但我们在我的实验室里对其他甲虫进行的研究表明，雌性会倾向于选择强壮健康的雄性作为后代的父亲。

因此，我们在 Photinus 属萤火虫身上发现的雌萤滥交现象具有深远的意义。萤火虫的性生活又笼罩了一层迷雾。我们再也不能仅仅通过观察野外发生的事情来理解萤火虫的性行为，因为性选择在交配后仍在继续。一只多情的雄萤不仅要赢得雌萤的芳心，还要确保成为它后代的父亲。在雌萤身体的隐秘角落里，很多事情都可能发生。

爱情"快递"

显然，我需要深入了解萤火虫的私密部位——未经探索的处女地，因为从未有人想过仔细观察萤火虫的内部。很快，我就坐在解剖显微镜前，脑子里想着交配后的性选择。接下来的几个星期，我便解剖萤火虫，观察它们的生殖器。虽然我没有在萤火虫体内找到用来清除竞争对手精子的铲子或刷子，但我偶然获得了一个足以永远改变我们对萤火虫性生活的看法的发现。

观察显微镜下的萤火虫生殖系统其实是非常有意思的。整个实验只需要你有童心、一套显微镜设备和一双不抖的手。我清楚地记得第一次窥见萤火虫内部结构这个至今仍未被发现的世界的情景。在我位于三楼的实验室里，阳光透过高高的窗户洒进来，手提式收录机里播放着艾莉森·克劳斯的歌曲。这就像在探索一座陌生但吸引人的屋子：你踏上前门台阶，打开门，冒险走进去。你打量着房间，然后穿过走廊，开始探索房子的内部空间。慢慢地，你开始解读房子里发生的事情，从细小的线索——家具、照片、各个房间里的物品——开始拼凑梳理。地板上散落着玩具？这可能是儿童房。厨房里有个砖砌的比萨烤炉？看来主人应该是个专业的厨师。

我发现，雄性萤火虫的内部被塞得满满的，几乎所有这些似乎都是用来完成生殖任务。其中有产生精子的睾丸，呈亮粉色（原因尚不清楚），很容易发现。然而，与一大堆扭曲的生殖腺相比，这个重要的雄性器官显得如此微不足道。其中有两个生殖腺非常显眼，看起来就像成对的螺旋面。这些螺旋状的腺体是我的最爱。另外两个腺体盘绕在一起，形似意大利面。我费劲地将其中一个分离出来，发现其几乎和一只萤火虫一样长！加上两个小瘤，雄性萤火虫的生殖腺一共有四对。

沿着迂回曲折的腺体，我发现所有东西最后都流进了雄萤的射精管。很明显，这些雄性腺体是用于制造一些"出口产品"。那么，这些多出来的设备是用来生产什么的呢？

Photinus 属萤火虫一般会交配几个小时，在此期间它们几乎不动。为了弄清楚在这平静的外表下发生了什么，我需要解剖一些处于交配状态的萤火虫。幸运的是，当我把正在交配的萤火虫放进冰箱时，它们仍然保持着交配的姿势。我在不同的时间点冻结它们，然后仔细地解剖它们，以获得一个延时的内部视图。就像从牙膏管里挤出牙膏一样，雄萤正忙着把一些不透明的黏稠物从自己体内转移到雌萤体内（见图 4.2）。不出所料，雄萤的精子很快就出现在雌萤用于储存精子的受精囊中。

但是雌性萤火虫体内的管道是非常复杂的。我曾观察过许多其他昆虫的雌虫的身体内部。这些雌性萤火虫拥有一些我从未见过的生殖器官，包括一个大而有弹性的奇怪的囊。交配刚开始时，这个囊看起来像一个泄了气的气球，一个小时后，囊里出现了一个螺旋面状的结构，并开始膨胀。

我用显微镜观察了好几天，腰酸背痛，眼睛也模模糊糊的。然后，突然间，一切都变得清晰起来，所有线索都串联起来了。所有的雄性腺体都在忙着生产一个爱情的"包裹"。交配时，Photinus 属雄萤将它们的精子精心打包（见图 4.3 左）并

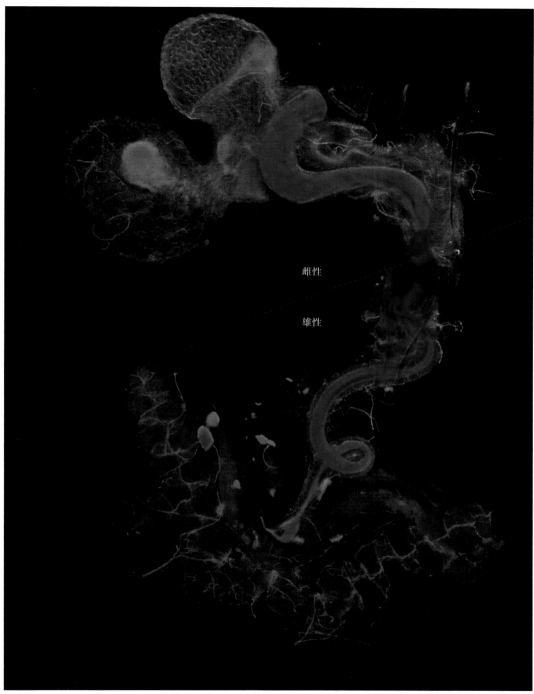

雌性

雄性

图 4.2 交配时，Photinus 属雄萤向雌萤送出一份生殖礼物。图中用红色标出来让大家看得清楚。（亚当·索思 摄）

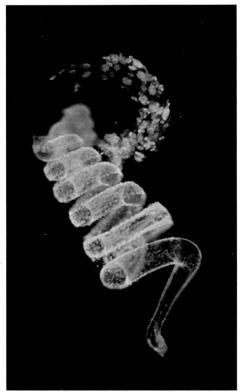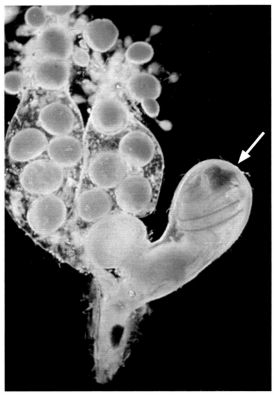

图 4.3 萤火虫的"嫁妆":(左)一个螺旋状的精包,顶部已释放出精子束;(右)在雌萤体内,刚从雄萤处获得的礼物被储存在一个特殊的囊中(箭头所指的地方)。

输送到雌萤体内。这种胶状的包裹被称为精包,其形状与雄萤螺旋腺十分相似。一旦这束精子到达雌萤体内,雄萤的精子就进入受精囊,精包的剩余部分则储存在雌萤的囊里(见图 4.3 右)。在接下来的几天时间里,雄萤的精包被慢慢消化,直至只剩下一小块不成形的物质。

　　萤火虫的性生活比我想象的更加吸引人!几个星期的观察,如同在黑夜中发现了新大陆——萤火虫的"珠宝"。雄性萤火虫会送给伴侣宝贵的精包,即所谓的生殖礼物。虽然这些生殖礼物的确切生物化学成分还不为人所知,但是我们已经知道送出这个爱情的"包裹"所需的成本和所得的好处。萤火虫的性行为不仅仅是为了简单的配子转移，还是一场复杂的经济贸易，因为很快我们就会看到，这些生殖礼物最终变成了有价值的商品。在整个动物界，交换礼物以换取的繁殖成功的习俗很常见，所以让我们先来看看其他动物送出的礼物是什么样的。

寻求完美的礼物

每一天，数以百万计的生物在外出求爱和交配时交换礼物，包括人类、鸟类、臭虫、蝴蝶、螃蟹、蟋蟀、蚯蚓、乌贼、蜘蛛和蜗牛。在挑选完美的礼物时，人类倾向于挑选玫瑰和巧克力，而其他动物更喜欢死去的蜥蜴、残肢断臂、血液、唾液、精包、致命的化学物质和恋矢。这些千奇百怪的生殖礼物掩盖着送礼人一致的目的：提升赠礼者在交配前、交配中甚至交配后的繁殖成功率。

对许多物种来说，死去的猎物是非常实用的礼物。对北方伯劳这种鸣禽来说，这份礼物必定能赢得一位女士的芳心。作为交配的交换条件，雄性伯劳会捕杀各种猎物，如田鼠、小鼠、大鼠、蜥蜴和蟾蜍，然后满怀爱意地把它们刺在荆棘上，献给心爱之人。

另一些雄性生物则倾向于将自己做的东西作为生殖礼物。雄性蝎蛉巨大的唾液腺会分泌出唾液，交配时，雌性蝎蛉会安静地吸取唾液。唾液被吸食完后，雄性蝎蛉会去寻找一只死去的昆虫作为替代。有些雄性条状地蟋蟀会允许雌性咀嚼它后腿上的刺，交配时，雌性便舔食从伤口渗出的血。

雄盗蛛发现就地取材再加工这一方法很方便。它们会猎捕一只昆虫，用蛛丝将其包裹成精美的礼物。在求偶过程中，雄盗蛛优雅大方地将这份大礼送给未来的伴侣——共进晚餐如何？当雌盗蛛同意并开始吞食礼物时，雄盗蛛就可以交配了。雄盗蛛有时候会以次充好，将花朵或者猎物残肢包起来，以欺骗雌盗蛛。一旦雌盗蛛发现货不对板，这段感情也就走到了尽头。

雌性喜欢可以食用的礼物，因为它们美味又营养。从雄性的角度来说，一份适宜的礼物可以大大增加它获得女士青睐的机会，一份丰厚的礼物则能够帮助它延长交配时间，输送更多的精子，从而提高与卵子受精的概率。

然而，有些礼物送出去时，雌性根本没有看到或接触到。包括螃蟹、虾、桡足类动物、蝴蝶和萤火虫在内的一些动物的雄性，在生殖腺上投入巨资，制造精包，也就是储存在雌性体内的含有精子的包裹。和食物礼物一样，这种在内部传递的礼物通常提供营养，促进雌性排卵，但这些礼物也包含抑制雌性性欲的物质，这些物质使得雌性不想再与其他雄性交配。这就减少了精子的竞争，所以这些礼物通过帮助确保雄性成为雌性后代的父亲来保护雄性的投资。

除了营养物质，一些生殖礼物还能提供保护雌性及其卵子的化学物质。美丽灯蛾的翅膀为明亮的橘红色，其上布满了黑色和白色的斑点。与萤火虫幼虫发出的荧光一样，这种显眼的颜色向潜在的捕食者发出信号：这只小飞蛾有毒。事实证明这招确实管用，蜘蛛、鸟类和蝙蝠都会躲开美丽灯蛾。美丽灯蛾的毒素从何而来？美丽灯蛾幼虫会从食用的植物中积累防御性生物碱，当它们蜕变成成虫时，就会携带这些剧毒的化学物质。不过，美丽灯蛾的性生活自带化学物质。雄性美丽灯蛾体内的生殖腺专门负责浓缩这些化学物质，所以它们的精包不仅提供营养，还提供化学武器。雌性美丽灯蛾非常依赖这些礼物，它们通常会和十只或更多的雄蛾交配，接受每只雄蛾的礼物。雄蛾赠送的生物碱中的一部分被雌蛾用于保护自己，剩下的用来保护卵子免受捕食者的侵害。

为了避免你们产生送礼物都很浪漫的想法，请记住事实并非总是如此。虽然繁殖通常是一种合作的——在某些情况下甚至是愉悦的——冒险，但是双方的利益有时会发生冲突。在挑选礼物时，雄性并不总是把伴侣的最大利益放在心上。一些雄性会送出一份具有操控性的礼物，使雌性产下更多卵子，哪怕此举有损健康。一些礼物夺取了雌性决定谁的精子与它的卵子受精的控制权。有些礼物抑制了雌性与其他雄性交配的欲望，从而剥夺了它与其他雄性交往并获取更多营养的机会。因此，并非每份礼物都受欢迎——我们都收到过一些情愿回绝的礼物。

蜗牛交换生殖礼物的行为很好地解释了有时候给予比接受更好。如果你和我一样都以为接受更好，那你可能也没怎么关注过蜗牛的性生活。但也许我们应该给予关注，因为它们的性生活非常变态。蜗牛不遵循常规的雌雄二分法，因为它们是雌雄同体的。因为每只蜗牛都能产生精子和卵子，所以它们经常进行所谓的互交。互交通常始于一种被称为"射箭"的奇怪行为。当两只蜗牛开始交配时，一方会将"恋矢"深深地刺入另一方的身体。这种包裹着药物黏液的生殖礼物，可以抑制下次交配时接受方输送的精子数量，有效地降低了接受未来受精的希望。同时，这种生殖礼物会诱使接受方储存大量自己的精子，从而最大限度地提高自己精子受精的概率。所以，这个生殖礼物主要对赠予方有利，为其繁衍后代增加筹码。

在我看来，生殖礼物有着无穷无尽的魅力。这些令人眼花缭乱的古怪行为、怪异习性和奇妙的身体结构是如何进化而来的？为什么有些生物会赠送生殖礼物，而它们的近亲却不赠送呢？科学家仍在努力找出这些问题的答案，而我们对萤火虫生殖礼物的成本和收益的研究可以为此提供非常有建设性的线索。

雄性的两性经济学

让我们先从雄性萤火虫的角度来看看礼物的赠送。我们已经知道萤火虫和许多其他昆虫一样，变成成虫后就会停止进食。所以雌性萤火虫和雄性萤火虫都必须在幼虫阶段摄入一切可以储存的能量，来为后面以交配为主要任务的成虫阶段广囤粮。生态学家将这种生物称为资本增殖者。除了为夜间求偶飞行提供能量外，雄萤储存的能量还用于支持它们慷慨地送物。一只雄萤如何管理它的送礼业务？它可能会得到什么好处？

有一年夏天，我们决定探究在具备整晚交配条件的前提下，一只雄性萤火虫会交配多少次。我们也想检验一下精包是非常贵重的这一观点。在波士顿郊外的草地上，Photinus ignitus 的交配季节即将开始。我们佩戴着秒表、头灯来到野外，捕捉了一些提前出来的萤火虫。我们将雄性萤火虫关在网眼容器里放在野外，开始了后来被我们称为"梦遗实验"的实验：每晚给每只雄性萤火虫送来一只新的雌萤。如果它们交配，我们就会收集雄萤的精包并测量精包的大小。我们发现雄萤如饥似渴地与这些新的雌萤进行交配，其中一只雄萤破纪录地在 14 个晚上与 10 只不同的雌萤交配。小家伙真了不起！每次交配，这些雄萤都会殷勤地送出礼物，但是礼物会越来越小。平均下来，雄萤送出的第二份礼物只有第一份的一半大小，到第五次交配时，它送出的礼物只有第一份的四分之一大小。因此，虽然雄萤能不断产生精包，但精包会随着交配次数的增加而不断缩小。我们还发现，在交配几次之后，雄萤制造精包的时间也会越来越长。

对雄萤来说，制作礼物毫无疑问花费巨大（见图 4.4），但是生殖礼物一直存在于进化过程中，所以其必定能带来一些优势。我们认为，或许更大的礼物会让雄萤在交配后的性选择中占据优势，使它们能够战胜竞争对手，繁衍更多后代。

为了验证这个观点，我们首先需要改变雄萤礼物的大小，然后让雌萤与两只不同的雄萤交配，最后观察每只雄萤的亲子关系是否成功建立。在我位于塔夫茨大学巴纳姆厅的实验室里，我的博士生亚当·索思积极开展了这项复杂的实验。亚当在

图 4.4　萤火虫的礼物代表着一笔巨额投资，正如这只 Photinus 属雄萤正在制造的巨大的精包所示。（威尔逊·阿库纳　摄）

印第安纳州的家族农场长大，从小干惯了重活，也知道畜牧业是一项具有挑战性的事业。我们已经学会了如何从雄性萤火虫身上获得大小不一的精包。可以预见，每只雄萤在第一次交配时产生的精包比第二次交配时产生的精包大一倍。我们已经找到了萤火虫亲子鉴定的方法，即通过将后代的 DNA 模式与不同雄萤的 DNA 模式进行匹配。

在萤火虫交配季，做实验不仅仅是白天或晚上的工作，我们必须连轴转。大部分实验是在刘易斯实验室的闪光屋进行的，这个闪光屋大体上就像一个无窗的壁橱，里面有定时灯光，以逆转自然的昼夜循环。在闪光屋里，黄昏在上午十点左右降临，太阳在午夜升起。通过让闪光屋里的萤火虫相信白天是晚上，我们可以在白天做实验，而晚上去野外继续观察野生萤火虫。每个夏天，我们都是夜以继日地高强度工作。

因此，有一年夏天，亚当成了 Photinus 属萤火虫的"月老"兼"代理父亲"。他精心设计他的实验，以便让每只雌萤都能交配两次：一次是与精包较大的雄萤交配，另一次是与精包较小的雄萤交配。在每只雌萤第二次交配后，亚当会将它放在一个潮湿的容器里，里面铺着我从后院采集的苔藓，雌萤喜欢在这种特殊的苔藓上产卵。每天，亚当都会仔细将每一只雌萤产下卵的苔藓收集起来，并将其作为一个家庭进行编号，然后放置在温暖的孵化器里。

几周后，亚当成了 650 多只萤火虫宝宝的"代理父亲"，这让他激动不已。这些刚孵化出来的幼虫来自 36 个不同的家庭，亚当知道每一只幼虫的母亲是谁。通过 DNA 亲子鉴定，他还可以确定每只幼虫的亲生父亲是雌萤的两个交配对象中的哪一个。（每次我们从野外采集萤火虫用于实验室实验时，总会将一些卵和新孵化的幼虫送回野外，以补充萤火虫的数量。）

亚当花了将近一年时间才完成亲子鉴定和数据分析，最终的结果证实了我们最初的猜测。精包较大的雄萤让雌萤成功受孕的概率是精包较小的雄萤的四倍。萤火虫的生殖礼物通过提供繁殖优势，即帮助雄萤保护自己的父权，来平衡其高昂的制造成本。

明亮之光和丰厚之礼对雌萤来说意味着什么？

2014 年年初，网络上铺天盖地都是关于一些罕见的性器官的发现的报道：Neotrogla 属昆虫，一种巴西穴居昆虫，其雌性拥有类似阴茎的具刺性器官。这些树虱交配时非常悠闲，在交配过程中，雌性的性器官深深插入雄性的生殖腔，然后开始膨胀，其上的刺会将双方锁在一起长达 73 个小时。科学记者们对这些雌性的阴茎表现出了极大的兴趣，但他们错过了这个故事中最神奇的部分。

在洞穴里，树虱能找到的食物并不多，然而，雄性树虱却被证实是个伟大的礼物制造者，它们能制造出大量营养丰富的精包。雌性树虱的阴茎就像一个真空吸尘器，插入雄性体内，直接从源头抓取精包。如此看来，雌性树虱进化出这种奇特的阴茎似乎仅仅是为了抢占这些宝贵的雄性礼物。

虽然并不是所有生物都生活在洞穴里，但赠送礼物在雌性萤火虫的性经济学中也占据着重要地位。雌萤成年后就停止了进食，所以产卵对它们来说是一项艰巨的任务。每个卵子必须包含发育所需的所有营养物，直到胚胎发育成能够自给自足的幼虫。

那么，对雌性萤火虫来说，雄性萤火虫的生殖礼物真的很珍贵吗？有一年 7 月，我的研究生珍·鲁尼决定做一个实验，来验证生殖礼物对雌性萤火虫的营养预算的影响。在夜幕降临后，鲁尼来到野外，收集了一些交配季初期的萤火虫，并将它们带回实验室，一一称重后，放进贴好标签的容器里，做完这些后，已经接近凌晨两点了。第二天一大早，鲁尼又回到实验室，将雌性萤火虫分成两组：一组雌萤只交配一次；另一组雌萤则被挪到闪光屋，并在模拟的夜晚环境中连续交配三次。交配结束后，鲁尼为每只雌萤准备了适宜的苔藓和产卵环境。鲁尼统计了所有卵子后发现，雄萤的生殖礼物确实有助于雌萤产下更多后代，交配了三次那一组雌萤一生的产卵数量几乎是另一组的两倍。

后来，我们用另一种 Photinus 属萤火虫做了类似的实验，这一次控制生殖礼物的大小而非数量。实验发现，雌萤收到的礼物越大，其寿命就越长。因此，雄萤的礼物对雌萤来说有两大好处：礼物体积大能延长寿命，礼物数量多能增加子嗣。

我们还发现，与雄性萤火虫交配后，雌性萤火虫会将获得的精包塞进一个特殊的囊里，几天后，精包消失不见。这些礼物去了哪里？是不是一旦精子被掏空，雌萤就会将雄萤的礼物排出体外，就像某些昆虫所做的那样？精包是否会被分解，并被雌萤用来维持身体运转？又或者精包被雌萤用来制造卵子？我们特别想知道礼物中的蛋白质——雌萤产卵需要的营养物质去了哪里。

为了探究雄萤精包的命运，鲁尼巧用氚——一种具有轻微放射性但安全的氢同位素来追踪雄萤礼物中的蛋白质的下落。她小心翼翼地给一些 Photinus 属雄萤注射氚标记的氨基酸混合物，而氨基酸是构成蛋白质的基本物质。几天内，这些氨基酸就成了精包的一部分。随后，雄萤与雌萤交配时，会将含有氚标记蛋白质的精包转移给雌萤。在接下来的两天里，鲁尼用闪烁计数器来测量雌萤体内不同部位的放射性氚含量，以追踪雄萤的蛋白质的去向。

萤火虫交配后，氚和精包一起被储存在雌萤用于消化精包的囊中。当精包开始分解时，雄萤的蛋白质出现在雌萤的卵子中。交配完两天后，雄萤提供的蛋白质中的 60% 被转移到雌萤的卵子中。鲁尼的实验表明，Photinus 属雌萤很好地利用了雄萤生殖礼物中的蛋白质来帮助产卵。

因此，对雌性萤火虫来说，雄性萤火虫的礼物显然是一种有价值的商品。在上一章中，我的研究生克里斯·克拉茨利和其他人的研究已经表明，雌性萤火虫会根据雄性的闪光信号来挑选交配对象。那么，利用雄萤的闪光信号来预估哪只雄萤的礼物最大，于雌萤而言岂不是轻而易举的事？

这个问题问得好，但回答起来却不那么容易。首先，我们必须记录雄性萤火虫的闪光信号，这需在闪光房中进行，且必须严格控制条件。其次，我们必须确保交配对象是同物种的雄萤，如此我们才能收集它们的生殖礼物，并测量礼物的大小。

完成这个实验需要足够的勇气和耐心，克拉茨利恰好两者兼具。那个夏天，我们还很幸运地找到几个热情洋溢的塔夫茨大学本科生帮助我们。克拉茨利和那几个学生在闪光屋里待了好几个晚上，成功诱导许多 Photinus ignitus 雄性发出单脉冲的求偶信号，并用"喜怒无常"的光度计（一种使用高敏感度的光电池来测量光线的仪器）记录下来。实验过程非常痛苦，因为当萤火虫很配合时，光度计不配合，反之亦然。

夏天结束时，学生们的努力终于回答了我们的问题，即雌性萤火虫能否根据雄性发出的闪光信号来判断其礼物的大小。对 Photinus ignitus 来说，答案是肯定的，因为那些闪光信号持续时间更长的雄性给出的礼物更大。这解释了雌性的偏好是如何产生的。那些喜欢闪光信号持续时间长的雌性会得到更大的礼物，这能帮助它们产下更多的卵，留下更多的后代。

但等等，别太快下结论！随后，我们用 Photinus greeni 重复了这个实验。Photinus greeni 是 Photinus ignitus 的近缘种，其雄萤通过双脉冲闪光信号来求爱，而其雌萤偏好两次脉冲之间间隔较短的雄萤。实验发现，Photinus greeni 雄萤的闪光信号和它们送出的礼物大小没有关系。所以，也许雌萤需要仔细观察雄萤发出的闪光信号，以便找出携带着最大的生殖礼物的雄萤。如果是这样，雌萤就会有时成功，有时失败，就像科学研究一样，得视情况而定。

＊＊＊

多年来，研究小组在夏季夜以继日地工作，发现了关于萤火虫性生活的许多秘密。对萤火虫来说，交配不仅仅是精子和卵子的简单结合——若没有雄萤，雌萤不可能完成繁殖任务。生殖礼物对萤火虫来说极为重要，因为大多数萤火虫成虫已经停止进食，随着雌萤不断消耗自己储存的能量，它们越来越依赖雄萤给予的生殖礼物中的营养物质。我们已经知道，在交配季即将结束时，萤火虫的求爱"剧本"会迎来一个大反转：雌性萤火虫变成积极主动的一方，而雄性则挑剔起来。最终，我们找到了答案：此时的雌性萤火虫争夺雄性，是为了获得生殖礼物。

我们已经学到了很多关于萤火虫的知识，比如 Photinus 属萤火虫及其近亲，其雌雄两性看起来非常相似。但是别忘了我们在第二章提到的 Glow-worm 萤火虫，它们也是萤火虫家族的成员。这种萤火虫的雌萤没有翅膀、体态丰满，与雄萤截然不同。这种独特的雌雄二型性特征，使它们拥有特殊的求偶和交配行为。它们也能帮助我们了解生殖礼物最初从何进化而来。在下一章，我们将深入研究 Glow-worm 萤火虫，并认识一位音乐家兼科学家，他是无可争议的"荧光之王"。

第五章

✳ ✳ ✳

飞翔的梦想

假如我有像诺亚的鸽子般的翅膀，
我会飞越河流，来到我心爱之人的身旁。
在某个清晨，那一天不会太远，
你会呼唤我的名字，而我会离开。
再见，我的爱人，再见了。

——民谣《告别之歌》

进入环境界

暮色渐浓，森林发出一声叹息。潮湿的气息包裹着我，浸透着泥土、枯叶和苔藓的芬芳。黑暗溜了进来，空气中弥漫着期待的情绪。现在，是时候点亮我那八盏灰绿色的灯笼了。起初，灯笼发出微弱的光，但很快，灿烂的光芒就穿透我美丽而透明的皮肤。

白日的睡意散去，我鼓起了全身的勇气——谁知道外面潜伏着什么饥饿的东西等着抓我呢。我在低地上跋涉了好几个小时，然后爬上了山顶。站在这里，斑驳的绿色天空似乎触手可及。我许下誓言，今夜，如果没有找到心仪的另一半，我就选择死去。我向全世界展示着我赤裸的发着光的身体，成为黑夜里诱人的灯塔，并大声呼喊："来我这里，来我这里！"

眼角瞥见远处有一丝亮光——我今夜的挚爱出现了！他飞快跑过来，颤巍巍地缓缓靠近，然后，他将聚光灯照向我。我浑身一阵战栗！我渴望得到他，我的灯笼因此变得更明亮，简直可以点燃这片森林。但等等，他还在我头顶盘旋，他的光芒正在消失——他要离开我吗？我想大喊一声："等等！等等我，我要和你一起走！"但最终，我只能埋怨自己无法飞翔的宿命。

从破茧而出的那一刻起，我就梦想着飞翔。还是幼虫时，我的小伙伴都怀揣着这个梦想。我们期待着化蛹，期待着最终继承甲虫与生俱来的权利——长出带有鞘的翅膀，飞向夜色下的天空。但当我破蛹而出时，我被吓到了。那一晚，我们四处转悠，我看到我们当中只有一半长出了翅膀——都是男孩子。他们全身黝黑，帅气无比。我的姐妹和表姐妹们在他们身边却显得那么可怜——我们皮肤苍白，且没有翅膀。太令人失望了！但必须得承认，我们美丽的珠宝——那些覆盖着我们身体的闪闪发光的斑点给了我们些许安慰。但是我们仍然觉得不公平。

我依然记得那一晚，雄性展翅飞翔，那双翅膀将他们送到空中，开始单身汉的翱翔之旅。几天前，当我还年轻的时候，我想象着，只要我足够努力，我也能挣脱将我束缚在地面的枷锁。我要长出翅膀，飞向天空，看着脚下的地面渐渐消失。也许，我甚至可以翱翔在斑驳的绿色天空之上，触摸更远的那一层蓝。

但现在我被拒绝了，我很沮丧。那个自大的家伙为什么无视我的存在？他不可能嫌我瘦小，因为我很迷人，甚至算得上丰满。事实上，我的肚子里装满了卵，行动也越来越困难。今晚我必须找到另一半，然后交配，产卵。

最后，我看到一片摇曳的亮光出现在地平线上，并不断逼近！哇，更多帅气的男士！不，那个的光太暗，幸好他飞走了。哦，刚才有个发光的雄性飞过去了——我闪着光告诉他："来我这里，来我这里！"

我做到了。那是 2013 年 6 月，我头顶着落叶，置身于大雾山深处，试图近距离观察小小的蓝色幽灵萤火虫。这种神秘的萤火虫主要居住在阿巴拉契亚山脉南部潮湿的森林里，不过，有人在遥远西部的阿肯色州也发现过它们的身影。雄性蓝色幽灵萤火虫一边在森林地被上空缓慢飞行，一边闪烁着诡异的光芒。它们独特的外表吸引着众多喜爱萤火虫的游客前往其聚集地，如位于北卡罗来纳州的杜邦国家森林公园。大家都被飞翔在空中的萤火所倾倒，很少有人注意到我为之着迷的生物：没有翅膀但会发光的雌性蓝色幽灵萤火虫。

过去的三个晚上，我都在观察这些小家伙，试图进入一只梦想着飞翔的雌萤的内心。我漫步走进一片林间空地，仰面躺下，然后凝望着树冠。随着夜幕落下，树冠渐渐隐没在夜空中。很快，目之所及都是雄性蓝色幽灵萤火虫发出的微光，整个天空都弥漫着雄性荷尔蒙。看着这些小小的雄萤在我身体上方嬉戏，真是一种奇妙的体验。最后，我终于设法进入了一只雌性蓝色幽灵萤火虫的环境界！

环境界不是指一个地方，而是一个概念。早在 20 世纪初，爱沙尼亚生物学家雅各布·冯·乌克斯库尔就提出了一个简单却令人费解的概念。他指出，不同的生物，即使是居住在同一个栖息地的生物，对外部世界的感受也是不一样的。每一种动物所感知到的世界就是它的环境界，这是由它独特的感官系统创造的。感官过滤器决定了我们进入世界的哪一部分，经过进化岁月的打磨，它只传递与生物密切相关的信息。经过不断进化，这种强化的意识只关注对每种动物的生存和繁殖至关重要的因素，如食物、庇护所、天敌和配偶。

人类通常认为，我们所感知到的环境界是由客观现实构成的。我们需要经过练习才能跳出感官定式，从而窥见另一番景象。早在 1934 年，乌克斯库尔就建议我们行动起来，或许还能从中受益：

漫步到陌生的世界——对我们来说很陌生，对其他生物来说却是熟悉的世界。就像动物本身一般是多种多样的，这样的陌生的世界也有许多。最好选择一个阳光明媚的日子出发去冒险。这里遍地鲜花，虫鸣作响，蝴蝶飞舞。在这里，我们或许能一睹草地上的底层生物的世界。首先，我们必须在每个生物周围吹一个肥皂泡，代表它自己的小世界，里面充满了只有它自己才知道的感知。当我们走进其中一个泡泡时，熟悉的草地不见了……一个新的世界出现了。

虽然我打算进入一只不会飞的雌性萤火虫的世界，乌克斯库尔却选择探索一只雌性蜱虫的环境界。每个人都会碰到这些令人讨厌的寄生虫，它们靠吸食哺乳动物的血完成自己的生命周期。进入它们的环境界需要费点工夫，但如果你闭上双眼，捂上双耳，你就能找到门道。交配后，一只雌性蜱虫——这个"装聋作哑的劫匪"会顺着森林边缘的一根树枝爬出来。它一动不动地站在树枝尖儿，准备拦截一只路过的哺乳动物。对于我们通常感觉到的一切，雌性蜱虫一无所知，但它的世界并不是一无所有。它主要通过三大感官通道获取信息。首先是敏锐的嗅觉。它的嗅觉敏锐到只对哺乳动物汗液中的丁酸敏感。当闻到正在接近的猎物的气味时，它就会离开树枝，落到猎物背上。其次是良好的温度感觉，这有助于它评估自己的着陆点。它对 37℃的温度非常敏感，而哺乳动物的体温通常都是 37℃。最后是触觉。如果它落在合适的宿主身上，它的触感就会帮助它穿过宿主的毛，找到温暖的膜。接着，它会将口器刺入哺乳动物的皮肤，慢慢吸血。吃饱喝足后，它身子鼓胀且油光发亮，它会从宿主身上跳下去，然后产卵，死去。

乌克斯库尔还意识到，在不同动物的环境界里，时间会以不同的方式流逝。时间是由一系列瞬间组成的，在"最小的时间单位里，世界没有发生变化。在每个瞬间，世界是静止的"。相比人类，普通家蝇能在更为细小的时间单位里感知到视野内的变化——这就是为什么它们能躲过我们卷起的杂志，简直令人抓狂。家蝇每秒能经历更多的瞬间，所以对它们来说时间过得更快。在找到合适的宿主之前，一只蜱虫可能会潜伏多年。在等待的日子里，蜱虫感觉不到世界的任何变化：没有丁酸，没有 37℃，没有皮毛。在蜱虫的环境界里，每一个瞬间都会持续数年，时间的长河缓慢流淌。我还不知道萤火虫是如何度过时间的。对萤火虫来说，或许白昼永无止境，躁动的夜晚却转瞬即逝。

雌雄二型：你的翅膀哪儿去了？

北美最常见的萤火虫是发光萤火虫，它们利用快速而明亮的闪光来求偶。而

Glow-worm 萤火虫（雌萤不会飞，使用持久的光来吸引雄萤）在北美很难见到，这也解释了为什么一直以来我总是费尽心思地想象着雌性蓝色幽灵萤火虫的模样。尽管我研究美国的萤火虫已经将近 30 年了，但在 2008 年访问泰国前，我从未见过不会飞的雌性萤火虫。虽然我阅读过有关它们的文献资料，但是当我真正抓了一只放在手心里时，还是忍不住叫出声来："哦，不！它的翅膀哪儿去了？"我眼里的怪物其实是一只 Lamprigera tenebrosus 雌萤，其大小和形状与我的拇指相近。这是一只身躯庞大、发着光的萤火虫母亲！

　　这只雌萤最特别的地方不在于它庞大的身躯，而在于它和正快乐地骑在它背上的雄萤几乎没有相似之处（见图 5.1）。它比雄萤大十倍还多，苍白的身体上没有一丝翅膀的痕迹。相比之下，雄萤光滑的身体呈黑色，身体后方长出一对可爱的普通翅膀，还生有鞘翅。经过对比，这些萤火虫很明显地呈现出雌雄二型的特征，即两性在外表上存在巨大差异，人类很容易将它们区分开来。在所有萤火虫中，这种

图 5.1　一只巨大的无翅的泰国 Lamprigera tenebrosus 雌萤和比它小得多的伴侣组成了奇怪的一对。这只雌萤产下了很多珍珠状的卵，每个直径约 4 毫米。（素巴功·唐算　摄）

雌雄二型的萤火虫实际上非常普遍：近四分之一的萤火虫物种的雌萤没有功能性翅膀，它们永远无法飞行。

在动物王国里，两性不相配的奇怪现象随处可见。通常是雄性的身体发生了惊人的变化，性选择促使它们进化出强大的武器，例如用于打败对手的鹿角，或者用来引诱雌性的华丽羽毛。有时，雌雄二型仅仅表现为体型上的差异。在这种情况下，通常是雌性体型更大——或许是因为更大的雌性能产下更多卵。

深海鮟鱇就是一个雌雄二型的经典案例，考虑到涉及生物发光，我现在就想和你们分享。体型庞大、长相凶猛的雌鱼在深海中缓慢游动，通过悬挂一个会发光的诱饵来吸引猎物。年轻的雄鱼只有雌鱼的 1/40 大小，它们有一个巨大的鼻孔，能用来探测雌鱼释放到水中吸引异性的信息素。海洋里生活着很多不同种类的鮟鱇，品种不同，其悬挂的诱饵也不同，雄鱼似乎就依靠它们超大的眼睛来寻找与自己同种的雌鱼。这些鮟鱇似乎通过特定的生物荧光信号来寻找合适的伴侣，就像萤火虫一样。

一旦找到另一半，雄性鮟鱇就会用钩状的牙齿咬住雌鱼的腹部。从这一刻起，它再也不会离开雌鱼，它瘦小的身体将永远和雌鱼结合在一起。它的感官系统和消化系统会退化，它所需的营养极少，且能从雌鱼的循环系统摄取。它将成为雌鱼的一个附属物，余生只做一件事：在雌鱼产卵时释放精子。

鮟鱇的异性寄生策略看起来很极端，雌雄二型的萤火虫却分担了各自的繁殖责任。对 Glow-worm 萤火虫来说，一旦开始身体的重塑，雌性和雄性就会走上不同的道路。雄萤热衷于为自己装配精巧的飞行机器——肌肉、翅膀和防护罩。雌萤则跳过了这一步：有些种类的雌萤会长出又小又粗的翅膀，其他的则完全放弃了翅膀。雌萤会把能量都投入到产卵和制造发光器上，发光器发出的光能吸引异性。

变成成虫后，雄性和雌性继续严格划分生殖任务。雄性萤火虫飞翔于天空，并在夜间寻找伴侣。它们的旅程不仅距离远，而且范围广——它们可以欣赏这个世界。很多 Glow-worm 萤火虫的雄萤连发光器都没有，虽然其他种类的许多雄萤可以一边飞行一边发光。

Glow-worm 到底指什么？

我们经常听到 Glow-worm 一词，却对它的具体所指感到很困惑。在不同的国家，人们用这个词来指代不同的生物——其中没有一个是蠕虫！在欧洲，Glow-worm 一词指真正意义上的萤火虫中的不会飞的无翅雌虫，也指所有种类的萤火虫的不会飞但会发光的幼虫。但是在新西兰，著名的 Glow-worm 并不是萤火虫，事实上它们连甲虫都不是，而是一种洞居发光生物，名为"小真菌蚋"。在美国，人们也把这种会发光的蕈蚊称为 Glow-worm。一般来说，Glow-worm 是指光萤科甲虫中不会飞但会发光的雌虫和幼虫。为了与真正的、体型更小的萤火虫区分开来，光萤科的甲虫有时也被称作"Giant Glow-worm Beetle"。毫无疑问，Glow-worm 一词被滥用造成了很多困惑。

相比之下，Glow-worm 雌萤注定只能在离出生地几米之内的地方度过一生。有些 Glow-worm 雌萤居住在自己或者其他动物挖的洞里。雌萤装着一肚子的卵，每天晚上必须想方设法爬到高处，以便让雄萤看见。在那里，它会发出长达几个小时的光，试图吸引一只飞过的雄萤。一旦交配成功，雌萤就会爬回森林地面，并产卵。

也许是我多愁善感，但是这些没有翅膀的雌性萤火虫的处境看起来很糟糕。可以肯定的是，Glow-worm 萤火虫的求爱仪式与它们的表亲——前一章提到的发光萤火虫的求偶仪式有着天壤之别。有一点我们要知道，如果周围雄萤太少或者可以用来产卵的合适地点太少，Glow-worm 雌萤是无法离开所在地的。因此，一个 Glow-worm 萤火虫种群很容易因意外而消失（第八章将有描述）。

当我在泰国看到一只体型巨大的 Lamprigera tenebrosus 雌萤躺在它的小伴侣旁边时，我不由开始思考，如此巨大的外形差异是如何改变 Glow-worm 的性行为的。在此之前，我和我的学生一直专注于研究生殖礼物在北美萤火虫中扮演着什么角色。我们发现，发光萤火虫雄萤在交配时会送出生殖礼物，而这些礼物会帮助它们的配偶产下更多的卵。我们还知道常见的发光萤火虫的雌虫都有正常的翅膀，它们想飞就能飞。因为成虫不进食，所以所有的活动都必须由它们在为期几个月的幼虫阶段积累的储备来提供能量。发光萤火虫雌萤必须在飞行和繁殖之间进行投资分配：如果你要飞行，那么留给繁殖的资源就会更少。

Glow-worm 雌萤是怎么做的呢？它们放弃了翅膀，变成了摇摇摆摆的卵袋——一切都是为了繁衍后代。如果它们已经为繁殖作了最优化投资，那么雄性的生殖礼物对它们而言是否还重要？雌性的飞行能力是否会影响雄性的送礼行为？这些 Glow-worm 雌萤似乎可以帮助我们找到答案。

我们和世界各地的研究人员合作，收集了几十种萤火虫的数据，包括世界各地的 Glow-worm 萤火虫。对于每一种萤火虫，我们会记录下雌性是否具备飞行能力，以及雄性在交配时是否会送出精包。我们还为这些萤火虫构建了一个系统发育树，利用它们 DNA 序列的差异来追踪它们的进化史。

当我们最终在系统发育树上绘制出雌性的飞行能力和雄性的礼物时，我们震惊地发现，两者在进化过程中有着紧密的联系。在雌萤具有飞行能力的萤火虫物种中，生殖礼物很普遍，但是在大多数 Glow-worm 萤火虫物种中，却没有发现这样的精包礼物。这恰好证实了我们基于雌性生殖投资的差异作出的预测：萤火虫的"送礼"传统仅存在于那些雌性具有飞行能力的物种中。当雌萤将自身拥有的一切都投入到繁殖上（就像 Glow-worm 萤火虫那样），两性的平衡就会被打破，雄萤就失去了制造精包的能力。面对牺牲如此巨大的雌性，雄性萤火虫显然决定不再送出生殖礼物。

这些发现也许还有助于解释其他动物是如何进化出生殖礼物的。2011 年，我们将研究结果发表在科学杂志《进化》上。但我对 Glow-worm 萤火虫的迷恋才刚刚开始。很快，我就被蓝色幽灵萤火虫——一种北美原生的 Glow-worm 萤火虫的性生活迷住了。

荧光之王

在很多欧洲国家，夏至之夜恰好是 Glow-worm 萤火虫成虫活动的高峰期。这一晚也是圣约翰之夜，人们会点燃篝火，跳舞唱歌，彻夜狂欢。与这些节日有关的传统故事和民间传说，讲述了精灵聚会和植物获得的魔力，在莎士比亚的《仲夏夜之梦》中，这种魔力贯穿始终。

在夜间的冒险活动中，一些庆祝夏至之夜的人或许会跌跌撞撞地闯入漆黑的森林，然后目瞪口呆地看着数百盏小灯散落在地面上空。这些神奇的光点可不是精灵，而是欧洲常见的大萤火虫的雌萤。在北欧，一到黄昏时分，这些雌萤就开始发光——在夏至日前后，午夜前几个小时，黄昏就会降临。不管大雨滂沱还是月色皎洁，一只雌性萤火虫都可能持续发光两个小时或更长时间，50 米外都看得见。在栖息之地，它跳起一支舞来，动作舒缓，舞姿魅惑，发光器来回摇曳。此时，不发光的雄萤正飞行在漆黑的森林中寻找雌萤，这种有节奏的舞蹈一下就击中了雄萤的心。

2008 年，我第一次见到"荧光之王"（King of Glow）拉斐尔·德科克，同年，我遇到了第一只没有飞行能力的雌萤。德科克是一个腼腆而帅气的比利时人，过着双重生活。他现在以著名的民间音乐家的身份谋生，同时还被尊称为欧洲 Glow-worm 萤火虫专家。虽然遭遇过一些挫折，但德科克早已能在两种身份之间自如切换。

德科克的这两大爱好很早就显露出来。1974 年出生在安特卫普的他，童年的周末都是在乡间的祖父母家度过的。在那里，他无可救药地爱上了一切会发光的东西。德科克回忆道："祖父有一本书，里面全是陆地上和海洋里会发光的生物的图片。每当我翻开它，就仿佛进入了一个神奇的童话世界。"小时候，德科克收集了很多荧光矿石。在黑光的照射下，这些矿石的颜色如彩虹般绚烂，每每都让德科克爱不释手。他还是个小男孩时，就被黑暗中玩具发出的磷光迷住了。一旦插上电，这些玩具就会慢慢地发出它们吸收的光。（就像月亮只会反射太阳光一样，发出磷光和荧光的物体本身不能发光——它们必须先被照亮。）即使如今已经长大成人，德科克仍大方地承认自己对"在黑暗中会发光的玩具有一种怪异的收集癖好"。提到小时候玩过的百乐宝幽灵玩具时，他开心地说："毫无疑问这是我儿时的最爱，至今我还留着它。"他就像园丁鸟一样，用各种颜色和形状的发光玩具，如石头、蜥蜴、星星等，把自己包围起来。

德科克从祖父的书中得到启发，小小年纪便在比利时的乡间探索萤火虫的世界。9 岁时，他第一次在石头下发现了 Glow-worm 幼虫。兴奋不已的他小心翼翼地将幼虫放在一片叶子上，飞快地跑回家给祖父祖母看。等他跑回家，幼虫早已不在叶子上了，这让他十分沮丧。但是很快，生物荧光就从书页里跳出来，将他带入了一个隐秘的世界。一天晚上，他和祖母一起外出探险。"我们在一片漆黑中慢慢地走着，让双眼适应黑暗。突然，我看到无数个光点在森林地面上移动，"他兴奋地解释道，"它们都是 Glow-worm 幼虫！"德科克在书中看到过这种萤火虫的图片，认出它们是大萤火虫。他把一些幼虫带回家，放在自己的房间里。他捉来蜗牛喂养他的发光宠物，看着它们变成会发光，从此，每个假期 Glow-worm 都陪伴着他。可那时他还没有成为"荧光之王"。

进入安特卫普大学后，对 Glow-worm 萤火虫的好奇心驱使德科克投身到科学研究中，并继续攻读博士学位。儿时的观察经验告诉他，对于萤火虫幼虫，如果抓住它们或者在它们附近的地面上跺脚，它们就会发光。它们匍匐前进的时候也会发光。他想知道，为什么萤火虫幼虫会发光？它们如此招摇是为了什么？毕竟，这看上去像在自找麻烦，仿佛在告诉别人："我在这儿，快来吃了我！或许幼虫依靠发出的光辨认方向？但这个解释似乎说不通，因为萤火虫幼虫的视力极差。难道是为了吸引猎物？似乎也不太可能，因为萤火虫幼虫是靠主动攻击蜗牛来获取猎物。

德科克读过一篇研究报告，报告中说萤火虫的味道很恶心，蟾蜍、鸟类、蜥蜴和其他食肉动物都不会吃它们。因此，他猜想：萤火虫幼虫发出的光是否是一种警告夜间捕食者的信号？在攻读博士学位期间，德科克所做的实验提供了一个关键的证据，支持了萤火虫的生物发光源于一种驱赶潜在的捕食者的警告信号。这些如今已成为经典的实验表明，包括蟾蜍在内的夜间捕食者，可以学会将荧光信号和有毒猎物联系起来，有过一次不愉快的经历后，它们就不会再攻击长相相似的猎物。

最终，"荧光之王"成功加冕。德科克获得博士学位，发表了很多学术论文，让我们得以进一步了解萤火虫的警告信号。在其中一篇论文中，他指出，一种较小的欧洲 Glow-worm（Phosphaenus hemipterus）雌萤通过释放充满诱惑力的香气来吸引雄性，这种化学信号被称为信息素。十年后，基于这一发现，我们认为应该前往田纳西州的大雾山进行实地考察，看看蓝色幽灵萤火虫雌萤是否会使用类似的气味来吸引雄萤。

到 2005 年，眼看德科克的学术生涯即将走向辉煌，但当时的比利时为科学家提供的工作机会少之又少，很快德科克就绝望地发现自己无法在学校找到一份合适的工作。为了维持生计，他只得利用自己的另一项才能——音乐创作。

当德科克还是个小男孩的时候，他就会吹八孔直笛和六孔小笛。刚过 16 岁，早期表现出的音乐天赋突然转变成一种痴迷。一天，他打开收音机，听到有人在吹奏爱尔兰肘风笛。这种乐器的声音介于小提琴和双簧管之间，触动了德科克的灵魂。虽然爱尔兰肘风笛出了名地难学，但德科克发现它的声音比其他风笛更甜美、安静和灵动。这些年来，他不仅熟练掌握了喉音唱法，还在自己的演奏曲目中加入了五花八门的民族乐器。

如今，德科克以职业音乐人、教师和世界音乐演奏者的身份周游世界，足迹遍及加拿大、西伯利亚、玻利维亚、撒丁岛、爱尔兰、斯堪的纳维亚。虽然他选择跳出大学这个象牙塔，但每到一个地方，他还是会继续他的萤火虫研究。"我应该生活在旧时代。"他惆怅地说，"那时人们可以同时追求不同的兴趣爱好，如科学、音乐和艺术。但在当今社会，我们的生活变得高度专业化，这很遗憾。"因此，每次看到萤火虫发光，德科克都会听到音乐——每种萤火虫发出的声音都是不同的，也就不足为奇了。对"荧光之王"来说，这些闪光并不是无声的。

幽灵荧光，幻影迷雾

2013 年，我仍在专心研究 Glow-worm 萤火虫——那些没有飞行能力的雌性萤火虫孤注一掷的生活方式，一直萦绕在我心头。我去过很多地方，见过很多这样的生物，但还从未见过一只在原生环境中四处爬行的美洲 Glow-worm 萤火虫。

萤火虫之歌

在一首名为《萤火虫》的歌曲中，萤火虫那令人无法抗拒的浪漫魅力体现得淋漓尽致，这首歌后来在美国广为流传。最初这首歌是为保罗·林克的话剧《吕西斯忒拉忒》（1902 年）所作。德语歌词由海因茨·博尔滕 - 巴克斯所作，并由莉拉·凯利·鲁宾逊翻译成英文。这首歌第一次由人演唱，是在 1907 年的百老汇音乐剧《柜台后面的女孩》中。后来这首歌被改写，只保留了副歌部分。1952 年，米尔斯兄弟录制了歌曲《小小萤火虫》。小时候，每晚临睡前，母亲最喜欢给我唱这首歌。这首歌非常有意思（虽然在科学层面不严谨），是 20 世纪 50 年代的时代金曲。

当夜幕悄然降临，
夜静静地落在森林的梦里，
恋人们四处游荡，
他们四处游荡，只为目睹那最闪亮的星。
否则就会迷失在黑夜里，
迷失在黑夜里，夜色中的萤火虫
点亮它们的小灯笼，

它们的小灯笼欢快地闪烁着，
无所不在，
在布满苔藓的山谷和孔洞，
在空中飘浮、滑翔，
为我们指引方向。

闪吧闪吧，小小萤火虫，
闪吧闪吧，小小萤火虫！
不要让我们走得太远。
爱情就在不远处呼唤！

闪吧闪吧，小小萤火虫，
闪吧闪吧，小小萤火虫，
照亮上下的路，
带着我们去寻找爱情！

现在，我坐在田纳西州诺克斯维尔市的机场空调房里，一边和博物学家琳恩·福斯特闲聊，一边等着研究小组里的最后一名成员。德科克一身轻装地走下飞机，他一边肩头挂着捕虫网，一边肩头挂着乐器。我们一起前往大雾山进行实地考察，研究我们共同感兴趣的神秘的蓝色幽灵萤火虫。我们之所以选择这种萤火虫，是因为相对而言它们是原生物种，而且数量多。但是很快，我们就被它们的"咒语"迷住了。

在抵达诺克斯维尔市开始深入研究之前，我们查阅了所有关于蓝色幽灵萤火虫的科学文献，但它们太神秘了，我们发现的有用信息并不多。早在 1825 年，蓝色幽灵萤火虫就被正式命名和描述（根据博物馆的标本），但奇怪的是，人们对它们的求偶习性和交配仪式却知之甚少。雄性蓝色幽灵萤火虫体型袖珍，通体黑色，和短粒大米差不多大。发光器占据了腹部末端的两节。在交配季节的每个晚上，它们会以脚踝高度在森林中穿梭着寻找雌性，这个过程会持续大约两个小时。雄性在飞行时会持续发出长达一分钟的微弱蓝光。很多人形容它们的光为幽灵，它们的俗名因此而来。一个第一次见到蓝色幽灵萤火虫的观察者，认为它们是"提着蓝色小灯笼的精灵"。

在科学文献中，无翅的雌性蓝色幽灵萤火虫也很少被描述。它们的体型和雄萤大致相当，苍白的身体与落叶层完美地融合在一起。黄昏时分，它们便开始在森林地面上发光，光来自几个光点，光点透过它们苍白的皮肤发出光来。

虽然针对蓝色幽灵萤火虫的野外考察只持续几个星期，但我们希望能解答几个问题：雌性是否仅仅依靠光来吸引雄性？它们是否还有其他求爱技巧？雌性只交配一次吗？它们发出的光真的是蓝色的吗？

为了这项研究，我们组成了完美的科学三人组。德科克对欧洲 Glow-worm 萤火虫做过大量的研究，发现一种无翅的雌性萤火虫通过化学信号吸引雄性。福斯特对田纳西州的萤火虫了如指掌。一天晚上，她在山间骑马，见到一团蓝色幽灵萤火虫密密麻麻地聚在前方，她的马——厄科，都糊涂了，想一脚踏在发光的表面上。15 年来，她一直在诺克斯维尔市郊外的自家农场周围观察蓝色幽灵萤火虫。我的加入则为这个团队带来了关于萤火虫的性选择、交配行为和生殖礼物方面的专业知识。我们还知道彼此合得来——这很重要，因为在这次考察过程中，我们必须住在一起，夜以继日地紧张工作，几乎没有睡觉的时间。

从机场出来，我们就带着记录本、头灯和相机直奔考察地点，并于晚上 10 点左右到达。一踏入森林，我们就见到令人叹为观止的一幕（见图 5.2）。所见之处，雄性蓝色幽灵萤火虫闪烁着光芒，缓慢飞行在森林地面上。它们一起创造出一个生命之光的水池，缓缓汇集，满溢而出，然后静静地从山坡流泻而下。将注意力从雄萤蜿蜒的荧光小道中拉回来后，我们便开始寻找那些没有飞行能力但又神出鬼没的雌萤。我们弓着腰扒开枯叶层寻找这些隐藏的珠宝，它们透明的身体闪烁着微小的光点。

第一天晚上，当我进入梦乡时，眼前还飘浮着幽灵般的光点。到了早上，这些小家伙施了一个魔咒，便将我们的研究项目改变了。何其有幸能认识这些谜一般的生物！只要它们愿意，我们或许就能发现一些关于它们神秘的求偶习性的全新的、奇妙无比的东西。

第二天一早，德科克、福斯特和我便开始着手准备接下来几天晚上要进行的野外实验。我们的目的是测试雌性蓝色幽灵萤火虫除了通过如宝石般闪烁的光芒，是否还通过释放信息素来吸引雄萤。我们先是为前一天晚上收集到的雌萤搭建了临时住所。正好有几个用来分装冰激凌的纸杯，我们在杯子里铺上湿纸巾和从这种萤火虫栖息的森林里捡来的落叶。然后，我们用毛刷小心翼翼地将它们送到各自的住所里。

我们设计了三种不同的盖子来控制雌萤的信号发射情况。雌萤只需发光就能吸引来雄萤吗？如果雌萤的光被遮住，但它的气味可以散发出去，是否会有雄萤找上门来？为了回答这些问题，我们用冰激凌纸杯做了一个简单的实验。一些杯子用简易的网状盖子盖住：雌萤发出的光可以穿透杯子，释放的气味可以散发出去，但雄萤却无法靠近雌萤。其他的纸杯则被我们盖上密封透明的盖子：雄萤可以看到雌萤发出的光，但是闻不到雌萤释放的气味。而对于剩下的纸杯，我们在网状盖子上安装了一块遮光挡板：这样雌萤发出的光不会被看见，但是气味会散发出去。

在接下来的几个晚上，天黑前我们就来到野外，早早做好准备。日落后 40 分钟左右，雌性蓝色幽灵萤火虫出现了。我们安置好舒舒服服地躺在杯子里的雌萤，然后退到一边静待夜幕降临。几分钟后，雌萤爬到落叶层的上方，开始发光，它们准备好了！接着，雄萤静悄悄地从山坡上飞了下来。

接下来的两个小时里，我们几乎没有说话，每个人都密切观察着三只身处不同杯子的雌萤。每隔十分钟，我们就停下来，在数据表上记录下每一只雌萤的"领空"有多少只雄萤经过，以及落在杯子上的雄萤数量。午夜时分，雄萤停止了飞翔，一场疯狂的蓝色萤火虫求偶仪式在我们眼前上演。现在，我们的数据表上密密麻麻全是潦草的笔记。

每天晚上，我们都会重复这个实验，并用新的雌萤替换旧的。我们计算数据，绘出图表，一种模式慢慢出现了。从数据上看，每种杯子里的雌萤似乎具有相同的魅力——雄萤飞过并落在杯子上的概率基本上一样（10% ~ 40%）。不过，我们仔细观察了它们交配的场景，有迹象显示，雌萤释放出了一些具有吸引力的气味。我们发现，即使遮光板挡住了雌萤发出的光，还是有雄萤从远处逆着风飞到雌萤身边。有些雄萤的前进道路比较迂回，它们像逆风航行的帆船般慢慢接近雌萤，另一些则像磁铁一样被吸引过来。

真正让我相信蓝色幽灵萤火虫的求爱密码不仅仅是荧光的，是三号杯子里的雌萤。在我观察它的头一个小时里，一切看上去都很平静。几只雄萤从它身边飞过，但仅有一只对它感兴趣，绕着圈落在装着它的杯子上。雄萤在盖子上爬来爬去，但很快就离开了，因为它无法穿过网状盖子。到 10 点 30 分时，仅余几只雄萤还在飞行——飞行速度明显慢了下来。突然，有四只雄萤不知从哪里冒了出来，正好落在杯子上——似乎是三号杯子里的雌萤刚刚释放了某种神秘的气味。因此，我们认为这些雌萤可能有一个备用计划，我们称之为"壁花策略"：如果它们发出的光没能吸引来雄萤，它们就会释放信息素，希望能抓住一只很晚了还在外面晃悠的雄萤。

我们的实验到此结束，但这只是探索这个充满光和气味的迷人世界的第一步。我们希望我们的研究成果能激励其他人从新的感官视角——视觉和嗅觉——观察萤

图 5.2　雄性蓝色幽灵萤火虫在寻找没有翅膀的雌性时，在森林地面上编织出了一条条荧光小径。（斯潘塞·布莱克　摄）

火虫的求偶行为。也许有一天，你走进一家商店，甚至能买到蓝色幽灵萤火虫香水！

在这个信息素测试实验中，我们一直在山脉的暗面全神贯注地工作，收集萤火虫的行为数据。在实验的最后一晚，当我们回到车上时，整个世界豁然开朗。月光照亮了我们身后的山峦，皎洁的月光和斑驳的树影洒落小径，远处的大雾山若隐若现，安然沉睡着。现在，蓝色幽灵萤火虫舞动闪烁的荧光犹如一张毯子，盖住了大雾山。

在白天，我们也有很多事情要做，幸好夏至前后的白昼时间比较长。当我们检查在夜间拍摄的雌性蓝色幽灵萤火虫的照片时，惊奇地发现它们的发光点数量不同，有些只有三个，有些多达九个。也许体型更大的雌萤拥有更多发光点？有一天，我花了几个小时仔细测量它们的小小身体，然后用与我笔记本电脑相连接的显微镜为它们拍照。有些雌萤比其他雌萤大三倍（见图5.3）。事实证明，体型较大的雌萤通常拥有更多发光点。我们不禁猜测：对雄萤来说，拥有更多发光点的雌萤是否更具吸引力？

令野外生物学家自豪的是，他们总能将手边的东西变成自己所需的工具。利用随身携带的夜间发光的物品，德科克制作了一些名为氚发光器件的小型发光管。他想出了一个模拟雌性蓝色幽灵萤火虫不同发光模式的方法：将发光的氚发光器件塞

图 5.3 透过它们透明的皮肤，我们可以看到发光点。纤弱的雌性蓝色幽灵萤火虫看上去就像镶嵌在落叶层中的小颗宝石。
（琳恩·福斯特 摄）

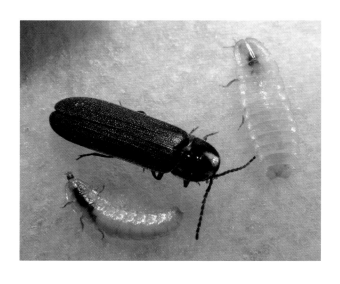

进一根黑色的塑料吸管，用针在吸管上扎出小孔，光就能从小孔里透出来。他花了一天时间来弄弯吸管，将它们做成四个发光点和八个发光点的诱饵。在黑暗的房间里，用这种方法模拟的光十分逼真。第二天下午，我们在垃圾箱里翻找出二十几个两升装的塑料瓶。利用剪刀、针线和颜料，我们把它们做成了漏斗状的陷阱，并在里面悬挂一个发光诱饵。我们希望雄萤能被吸引进入漏斗，然后被困其中，这样它们就能免受伤害。我们很高兴地发现，在蓝色幽灵萤火虫栖息的森林里，这个装置很好使。

　　哪一种诱饵能吸引更多的雄萤上钩？有几个晚上，我们在黄昏时布置诱饵，等到午夜时分，雄萤飞行结束后回收。我们打开漏斗，数数里面有几个没有受伤的雄萤，然后放生。从总数上看，八个发光点的诱饵吸引的雄萤个数是四个点的两倍。数字虽然不能说明问题，但起码证实了似乎雄萤更喜欢闪光点多的雌萤。很庆幸现在能从科学的角度来解释：雄萤更喜欢与闪光点更多的雌萤交配，雌萤闪光点越多则体型越大，体型越大则携带更多的卵子。

　　有几个晚上，我们各自行动去研究自己对蓝光幽灵萤火虫生活习性感兴趣的地方。"荧光之王"德科克想找出蓝色幽灵萤火虫发出的光到底是什么颜色。为了做到这一点，他必须携带一个便携式的分光光度计，一种可以记录和精密测量任何光线波长的仪器。令人惊讶的是，他的测试结果显示雌雄两性发出的光实际上是石灰绿色（峰值波长是 554 纳米）。这和其他 Glow-worm 萤火虫身上发现的数据是一样的。但是为什么从上方看过去雄萤发出的光偏蓝？或许雄萤发出的光反射到下方深绿色树叶，从而发生了变色。

另一个令人惊讶的发现是雌性蓝色幽灵萤火虫其实是一位全职母亲。福斯特一直在密切关注实验室里交配的雌萤，观察它们在落叶层上产下一小堆具有黏性的受精卵。昆虫一般不会具有母亲的奉献精神——大多数雌性昆虫产卵后就一走了之。所以福斯特很惊讶地发现这些母亲蜷缩起自己透明的身体，四肢环绕着产下的卵子。福斯特用画笔轻轻触碰它们，它们就发出很明亮的光，挪开身子，但是几分钟之后又回到原来的姿势，守护着自己的孩子。雌萤日夜守护着产下的受精卵，直到一个星期后死去。现在孤苦伶仃的卵子需要再单独度过一个月时间，最后破壳而出，成为匍匐前行的幼虫。子女无法和母亲见上一面，但是母亲的无私奉献为子女的生存开了一个好头。其他 Glow-worm 萤火虫，例如泰国的 Lamprigera tenebrosus 雌萤也展现出母爱的一面。产卵后，Lamprigera tenebrosus 雌萤会守在卵子四周，每天为其仔细清洗，直到它们长大破壳而出。除了荧光，这种全职母亲可能具备着尚未发现的化学武器来抵御抢夺卵子的捕食者和病原体入侵。此刻，我们对这些蓝色小妖精及其神秘感的崇拜一下子有了飞跃式的提升。

同时，我还得探索本章一开始说到的雌性萤火虫的环境界。有好几个晚上，我来到森林，匍匐在落叶层上方，雄性萤火虫就从我的鼻子上方飞过。我们的信息素实验为求偶场景引入了一个新的感官角度。此时身处雌性的环境界中，我看到雌萤散发的迷人气味正从森林中飘荡而过——香气带有荧光，清晰可见。围绕着我的其他雌性萤火虫正释放着无法抵御的香气，气味盘旋上升，越往上浓度越低，和空气中的蕨类植物气味混杂在一起。

诺贝尔获奖者、动物学家卡尔·冯·弗里希将其最喜欢的生物蜜蜂比喻成神奇的水井：打得越多，留下的越多。我们的野外实验起初仅仅受到一个神秘现象的启发，最后我们却发现了 Glow-worm 萤火虫最不为人知的秘密。我们发现的秘密完全改变了以往对蓝色幽灵萤火虫的观点，但是仍然有很多疑团没有解开。而现在我已经准备打包回家，很庆幸此行能研究这些迷人的生物，尽情探究它们的不凡之处。

＊＊＊

关于萤火虫为什么能发光，我们已经讲过太多，现在终于可以来解释另一个重要的问题：萤火虫如何发光？在下一章，我们将打开汽车前盖，看看里面的零部件，了解萤火虫发光的原理。我们还会了解发光的特性是如何进化而来的。其实，萤火虫不仅外观漂亮，它们发光的化学物质还为人类的公共健康、医药和科研事业作出了不小的贡献。

第六章

* * *

闪光的来源

光的化学组合

我和我一生的伴侣托马斯·米歇尔是在一个没有拦网的羽毛球场邂逅的。新罕布什尔州的一个朦胧的夏夜，我们两人在球场上一来一回地打着羽毛球。突然，我们四周的高茎草丛里升起小亮点，从小在新英格兰长大的我面对这一幕早已见怪不怪，但托马斯当场惊呆了。他在俄勒冈州长大，那里可没有萤火虫，那一年他刚刚搬到波士顿上大学。当我看着他眼神里的震撼，心里突然翻涌起一种神奇的感觉。我感觉那一天像是我和托马斯及萤火虫的初次见面。十几年后，我们不断交流彼此见到的科学奇观，一起研究萤火虫发光的秘密。

无声的闪光看起来无比神奇，其实是萤火虫腹中一场精心编排的化学舞蹈。会发光的甲壳类动物，包括萤火虫，是陆地生物中率先学会将化学能量转变为光的先驱（其他的还包括一些真菌、蚯蚓、千足类动物和蕈蚊）。在陆地环境中，生物体发光的特性至少单独进化了 30 次，更多会发光的动物居住在海洋里。这些动物利用各自不同的化学系统来发光。但令人困惑的是，人们总是容易忽略这种生物荧光是具有多样性的，因为科学家使用通用的名词——荧光素酶来指代任何催化发光的酶类。虽然荧光素酶每次催化的化学反应很相似，但是在不同生物体内会产生不同结构的酶。

　　每种荧光素酶由大型蛋白质构成，该蛋白质一般呈三维立体状，用于吸引舞伴——通常体形偏小的分子发光。小分子统称为荧光素，负责产生我们所见到的光。所有荧光素来自同一种通用的化合物，能与碳、氮和（或）硫以不同组合产生多环。荧光素的特殊功能是能够捕捉多环中的化学能量。基于荧光素酶的组合，荧光素将这些能量转化为动力发出光亮。

　　很多萤火虫发光的秘密是人们在研究美洲北斗七星萤火虫时发现的。这些萤火虫的光是由一种含有 550 个氨基酸的荧光素酶——蛋白质的主要构成——催化下发生的一系列连锁化学反应产生的。除了荧光素，萤火虫的荧光素酶还需要其他物质的参与才能产生光亮。一个是三磷酸腺苷，简称 ATP。ATP 是一个非常重要的分子，在所有生物体内传递化学能量。氧气分子——正如我们呼吸的氧气——扮演群演。和荧光素酶相比，其他分子都是小分子，但是这些分子也很重要。

　　现在演员们各就各位，舞蹈可以开始了。发光反应是在荧光素酶分子的中空位置，即酶的活性部位进行（见图 6.1）。所有的演员集结在这里，上演一场精彩的分子舞蹈。

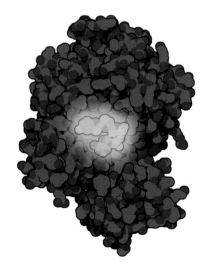

图 6.1　中间是活跃的荧光素酶，一种荧光素分子，其分子能量被转化为光能。（图片来自大卫·S.古德塞尔）

萤火虫的发光有多个步骤。第一步，荧光素酶作为一个中间场所，ATP 先将部分能量转移到荧光素，因为此时的荧光素形态相对比较稳定，这种中间物质能暂时维持不变。第二步，氧气加入，荧光素变成高活性的化学状态。这种活跃的荧光素容易消失，只能短暂存活十亿分之几秒。荧光素从高能量状态稳定后，会释放出一种像微型闪电一样的可见光的光子。最后一步，荧光素再生酶让一切重来，继续在舞台上演绎一场发光的舞蹈。

萤火虫的发光频率高于其他任何具有生物荧光性的动物：光量子产率接近 40%，意味着每十个荧光素分子发生化学转化，会产生四个光量子。和普通白炽灯泡相比，后者的光量子产率只有 10%。

那么那些不能发光的萤火虫成虫呢？白天活跃的亚洲萤火虫锯角萤（Lucidina biplagiata）成虫体内也有荧光素和荧光素酶，但是含量太少，只有发光萤火虫体内

甲虫发光的演变

大约有 2500 种甲虫能自己发光，它们全都来自 176 个甲虫家族中的四大家族。大多数会发光的甲虫来自萤科（Lampyridae）——正如我们所见到的，所有萤火虫在幼虫阶段都会发光。250 种 Giant Glow-worm Beetle（Phengodidae）也会发光，其中 30 种来自雌光萤科（Rhagophthalimidae），还有 200 多种来自叩甲科（Elateridae）。

现有的动植物种类史料表明，生物荧光性最初是由部分远古始祖进化而来，最终传承给前三大甲虫家族，其中包括萤火虫。叩头虫甲虫的发光性或许是单独进化而来的，但是，它们中只有很小的一部分（<2%）具有生物荧光性。

40 多年来，科学家一直致力于从基因序列中剥离和读取在很多发光物种体内发现的荧光素酶基因（被称为 luc）。我们现在所知道的荧光素酶的基因序列来自不同的发光甲虫，包括 30 种萤火虫。基于这些信息，科学家可以成功地推算出荧光素酶的准确氨基酸序列。所有会发光的甲虫中有超过 46% 的氨基酸序列和这一序列一模一样。

发光甲虫进化出彩虹的颜色——红色、橘色、黄色和绿色。色差是由荧光素酶的些许差异造成的。哪怕酶的活性部位附近的一个氨基酸发生了改变，荧光素的构造就会发生细微的改变，导致闪光波长改变，这都会让我们眼睛看到的颜色发生相应的变化。

荧光素和荧光素酶总含量的 0.1%。既然这些化学元素已经失去了其存在的意义，可想而知这些白天活动的萤火虫会减少产量以节约能量。

萤火虫之光的进化

萤火虫发出寂静之光的能力从何而来？我们需要回答的是荧光素酶——生物荧光秀场的酶界明星，从何而来。

很可能是萤火虫的始祖随机利用脂肪代谢的酶作为原材料生成了一种能够发出亮光的酶。萤火虫的荧光素酶和另一大酶的家族——脂肪酸合成酶的构造惊人地相似。多细胞生物利用脂肪酸合成酶合成脂肪酸，这种酶在新陈代谢过程中扮演着重要的角色。它是如此重要，以至于它以多种不同的形式存在于动物细胞里。和荧光素酶利用 ATP 通过化学反应生成荧光素底物，发出光一样，这些代谢酶利用 ATP 通过化学反应生成不同的底物。但是实验证明，当今的荧光素酶在与正确的底物组合后会发挥与脂肪酸合成酶一样的功能。这种双重特性说明荧光素酶一开始或许是一种有助于新陈代谢的酶。

对黄粉虫的研究提供了更多论证支持这一观点（下一章会讲到这种甲虫的幼虫味觉）。虽然两者都属于甲虫类，但是拟步行虫属其实算是萤火虫的远房亲戚。研究员将从萤火虫体内提取出的荧光素注射到活的黄粉虫体内后，一般不会发光的黄粉虫也会发出微弱的红色荧光。这说明哪怕是拟步行虫属的甲虫，只要和合适的发光底物，比如荧光素相结合，它们体内也有酶能产生光亮。

科学家认为荧光素酶和其他新发现的酶一样源自基因复制的进化过程。可能是最初脂肪酸合成酶的一个基因编码序列在基因复制过程中被意外地复制了。原来的基因继续执行职责，新增的基因在体内游走闲逛，积累基因突变，其中有些突变没有产生影响，有些突变产生了具有功能性的酶，它们具备新的特性。其中一个突变体酶碰巧具备发光特性——最初它纯粹是一些新反应的附属品，但是原型荧光素酶产生的光被证实是有益的，自然选择鼓励传播这种复制基因产生的特定突变形式。

随着时间的推移，对更有效的发光的需求促使荧光素酶成为一种专门组织，最终成为现在我们所说的萤火虫的发光器。

基因复制产生多余的物质，多出来的物质为进化创新提供动力。因为复制品是一种自由的中介体，随着时间的推移，它会发生变化，有可能最终被专门用于执行一些全新的功能。虽然我们倾向于认为进化有明确目标导向，但事实上它没有目的，没有预定轨迹。进化过程中的即兴创作有时失败，有时成功。在地球生命的漫长发展历史里，基因复制的过程有可能不仅给我们带来了荧光素酶，还带来了其他新出现的代谢酶。例如，蛇毒中发现的用于麻痹猎物的酶有可能是从胰腺酶基因复制进化得来的。

早在基因被发现之前，查尔斯·达尔文曾于1859年在一篇文章中提到一句令人好奇的评论："一个非常重要的事实是，最初为了一个目的而产生的器官……或许最后实现的是另一个全新的功能。"现代进化生物学家甚至发明了一个新词来形容原有功能发生了聚变的特征：扩展适应。与之形成对比的是一开始保持原有进化而来的特性叫作适应。科学家发现了很多扩展适应现象——很多动物的特性现在已经被应用于和最初目的完全不一样的情境下。当然，要去定义好几百万年前一些动物特性最初的意义也非常困难。但正如我们所见，有很多证据表明萤火虫的生物荧光性最初是为了防御潜在的天敌，很久以后，只在某一类萤火虫家族之中，发光的特性演变成一种成虫的求偶信号。

再举一个扩展适应的例子，比如鸟的羽毛。虽然当今鸟类有了羽毛能够飞翔，但并不是自古以来就是这样。我们现在知道所有鸟类的祖先都是兽脚亚目恐龙，在中国东北部曾经出土了很多不同鸟类始祖的运动羽毛化石。因为这些有羽毛的兽脚亚目恐龙不能飞，所以这些羽毛被进化出来肯定有其他优点——也许是作为华丽的装饰物来追求伴侣，或者用来隔热。当羽毛进化出空气动力学特性，能够让被称为"现代恐龙"的鸟类翱翔于天空，在自然选择的力量下，它的出现满足了另外一个目的。所以从进化的角度出发，羽毛和荧光素酶都具有扩展适应的情况。

我们不能忽视生物荧光秀场的共同演奏者。不同生物有不同的荧光素，但是在每一种萤火虫里，作为荧光素酶的分子舞蹈搭档的荧光素是一样的。萤火虫是如何获得这种光发射体的，却无从得知。荧光素是非常难见的奇异分子，它是在何时、何地、以何种方式合成而来，我们都不知道。很明显，要对萤火虫生物荧光性的化学世界建立起一个完整的认知，还有太多的谜团需要我们去解开。

萤火虫开工了

萤火虫的光对它们自己来说不仅仅是有用而已。在人们学会发电之前，萤火虫的光有很多用途。我曾听世界各地的老人讲述有关搜集萤火虫用于晚上读书、骑单车、森林徒步的故事。而关于萤火虫生物荧光性背后的化学物质的发现，为更多实际应用铺平了道路。萤火虫的发光天性为人类健康提供了无价的工具，促进了科研创新，提升了医疗知识水平。

食品行业长期以来一直使用萤火虫发光的特性来检测食物是否变质，是否被有害细菌污染，不宜于人类食用。含有萤火虫荧光素和荧光素酶的生化试剂被用于检测 ATP，一种存在于所有活细胞的化合物。任何一种活的微生物，例如有可能存在于饮料和食物中的沙门氏菌或者大肠杆菌，加入了荧光素和荧光素酶，微生物污染物中的 ATP 就会产生可见的光线。ATP 数量越多，光线越明亮，所以生物荧光的亮度反映了细菌的数量。从 20 世纪 60 年代开始，生物荧光素测试通过高灵敏度的测量仪器测试光亮，已经可以检测出低含量的微生物污染物。这种从萤火虫身上获得灵感的测试方法比之前的方法更高效，不需要等好几天，只需要几分钟就可以通过细菌培养，检测出食品中污染物的含量。这一简单的 ATP 生物荧光实验现在使用人工合成荧光素酶，还被广泛应用于检测牛奶、软饮、肉类和其他食品中的微生物污染物，以确保食品安全。

同样的方法也被应用于制药业中的新药研发。新品研发依赖高通量筛选快速检测出能治愈癌症的新临床疗法。培育肿瘤细胞，用不同的药物尝试治愈。使用生物荧光实验来检测细胞活力，可以快速发现杀死肿瘤细胞最有效的药物。在 20 世纪

90 年代，荧光素酶的基因蓝图就已经被破译。此后，萤火虫生物荧光性的实际应用遍地开花。很多医药和生物技术领域的新发现都使用了萤火虫的荧光素酶基因作为其他基因活动的"报告员"。研究员将萤火虫的荧光素酶基因和要研究的特异基因结合后植入活细胞体内。每当合成的 DNA 发生转录，细胞就会产生荧光素酶。加入荧光素后，细胞会发生反应，产生光亮。该技术被应用于发现特异植物基因的开关在何时何地被打开。为了研究调节植物生长的特殊基因，植物学家将萤火虫的荧光素酶基因与不同植物的 DNA 结合。用含有荧光素的水喷洒或者喂养植物，当萤火虫的荧光素酶基因被打开，叶子就会发光。这样科学家就能找到控制植物在不同时间和地方生长的特异基因。这种报告基因还是研究疾病的得力助手，帮助研发新的抗生素药物，从新的视角治疗人类代谢紊乱疾病。

萤火虫还帮助人们发展实时、无创伤的成像方法来窥测生物体内构造。当萤火虫的荧光素酶基因被用于标的特殊细胞或者组织时，人们使用高敏感度的相机来探测活体内的光亮。通过标记老鼠体内的癌症细胞，科学家研究出了新的抗癌药物，能抑制肿瘤的生长，降低肿瘤转移的可能性。采用类似方法，科学家们还在寻求新药物治愈肺结核。肺结核的细菌性病原体对最有效的抗生素已经产生了免疫力，所以这种病很难根除。为了找到对抗生素有抵抗力的肺结核治愈方法，科学家将用荧光素标的的肺结核细菌植入老鼠体内，然后让老鼠服用各种抗结核药物，并使用生物荧光造影技术观察老鼠体内的细菌情况。

所有这些公共卫生、医疗和科研领域的进步都离不开科学家在萤火虫发光特性中发现的生物化学特性。这张无尽的名单，体现了我们人类从进化的自然创造力中获得的益处。

控制闪光

解密化学能量如何转化为光亮仅仅是了解萤火虫信号的第一步。萤火虫是如何将这种化学能量转变为一种通信工具与同伴沟通？化学能量和萤火虫大脑的神经冲

动、结构优雅的萤火虫发光器和细胞深处的超小发光细胞器在生物大舞台上同台演绎。我们很多关于萤火虫闪光的知识是基于已故昆虫生理学家约翰·邦纳·巴克将近60年的科学研究得来的。约翰·巴克和学生设计的严谨实验到现在依然是了解萤火虫发光的方式和地点的研究基础。

约翰·巴克出生于1913年，在美国约翰·霍普金斯大学完成了他的研究生和博士学位。在巴尔的摩的后院里，他迷上了北斗七星萤火虫——当地常见的外来物种。1933年，他决定利用暑假时间来研究到底是什么诱导萤火虫在夜间发光。之前工人们已经注意到萤火虫有时候在多云的天气里会比平常早一点开始发光，这暗示着它们或许会以黄昏时光线变暗作为每天发光的节点。或者它们体内有一个二十四小时的生物钟？

为了验证不同的假设，约翰·巴克将学校里的一间暗房变成了他后院萤火虫的夏令营营地。他捉了上百只北斗七星萤火虫，将它们装在玻璃牛奶瓶里，带到暗房，用不同的光照环境刺激它们。他将这些萤火虫关进网笼，并记录它们的发光情况。在一个实验中，约翰·巴克发现，每当他把光线调暗，萤火虫就会闪光，这与当时的时间无关。在另一个实验中，他将萤火虫关在一个连续黑暗的环境里，然后再转移到笼子里。约翰·巴克准备了睡袋，在暗房里过夜。连续四天，每隔一个小时他就观察萤火虫的闪光五分钟并记录次数。即使在完全黑暗的环境里，它们还是会根据体内的生物钟，每二十四小时就闪光。根据计算黑暗中的闪光，约翰·巴克发现了发光过程中的第一个昼夜规律，同时发现降低光亮强度是闪光活动真正开始的诱导开关。

1936年，约翰·巴克完成了他的博士毕业论文，标题就简单命名为《萤火虫研究》。很快他在后院发现的北斗七星萤火虫成了世界上被研究最多的萤火虫。1939年，他与其在约翰·霍普金斯大学的专业教授的女儿伊丽莎白·马斯特结婚。伊丽莎白不仅是他的贤内助，还是他65年科研生涯的忠实伙伴。约翰·巴克在贝塞斯达国立卫生研究院任职，负责管理物理生物实验室。在接下来的几十年里，约翰·巴克的研究项目主要是深入研究萤火虫细胞学、解剖学、神经物理学，专注于从细胞层面、组织层面、整个生物机体层面来了解萤火虫闪光机制。还没有一个研究员能从如此惊人大胆的视角来看待这一问题。

虽然很多生物会发光，但是萤火虫是为数不多的可以控制发出不连续光源的物种。为了知道萤火虫是如何控制在合适的时间和地点发出亮光，我们必须了解萤火虫发光器深处的微观结构。

萤火虫发光器内部之旅

约翰·巴克作出的贡献之一是向我们展示了萤火虫发光器的解剖细节。其精细的构造反映了其生理复杂性。一些萤火虫只是发出持续的荧光，为时数秒或者几分钟。而其他萤火虫的光亮一闪而过，简洁明快。这种生物荧光控制上的不同反映在各自发光器的复杂结构差异上。我见过的内部结构最精美的萤火虫是会发闪光的 Photuris 属和 Photinus 属成虫。发光器被萤火虫底面的一层透明角质层覆盖，占据了一个或两个腹节。在发光器透明的表皮层下，发光层含有 15000 个发光细胞。这些发光细胞呈楔形，以同心花结的形式排列，从横截面来看很像橘子瓣。这种解剖学上的精致排列使萤火虫能够精准地控制发光的时间点和位置。

所有发光行为都在发光细胞中发生。在发光细胞中，能产生光亮的化学物质被储存在上百个名为过氧化物酶体的细胞器中。过氧化物酶体数目众多，几乎占据了整个细胞总体积的三分之一。荧光素 - 荧光素酶复合体被储存在这里，等待着活性氧的加入，以制造闪光。

像所有的昆虫一样，萤火虫通过遍布全身的微小空气管道网络来获得氧气。在发光器内部，气管深入每个圆柱体中心，水平向两侧延伸，进入每个玫瑰花瓣形状结构。气管分支连接每个吞噬细胞，为发光反应所需的最后一个环节提供氧气。大多数小孩都知道将萤火虫腹部的荧光涂抹在额头上可以持续发光好几个小时。所以研究员一直推测，萤火虫是通过调节发光细胞获得氧气的数量来控制闪光。然而，通过解剖并未能找到能够迅速闭合控制闪光的机械阀门。但是，当大多数的气管一直保持打开的状态，发光器中的气管在末尾分支点会被拉伸得很脆弱，容易塌陷收缩。其实已经有人提出，当气管在白天处于塌陷状态，到了夜晚会帮助发光器处于黑暗状态，减少氧气流向吞噬细胞。

然后当夜晚真正降临，闪光开始了。每一下闪光都是由萤火虫大脑的神经冲动发起。一个起搏器发出有节奏的韵律让萤火虫的每次闪光都踩在自己的节拍上。大脑中的神经冲动顺着神经索一路往下来到最后的腹节处，神经元在这里将电信号传输到发光器。发光器里，神经末梢会分泌章鱼胺，一种昆虫世界里的类似于人类神经递质肾上腺素。最终，闪光在吞噬细胞里形成。

那些仅仅会发出长时间闪烁和会发出精确闪光的萤火虫发光器结构是存在细节上的差异的。第一，会发出闪光的萤火虫用于传递源自大脑信号的神经并没有直接和发光细胞相连，而是连接到附近的细胞。第二，闪光萤火虫发光细胞内部结构异常井然有序，成千个线粒体（细胞的发电站）紧密充斥在气管四周，而储存着荧光素和荧光素酶的过氧化物酶体游离分散在细胞内部。

那些持续发光的萤火虫呢？包括萤火虫幼虫，它们只能发出从暗到明的缓慢荧光。这种荧光是雌性萤火虫生物荧光时尚的巅峰。欧洲常见的雌性大萤火虫可以不间断地发出几个小时的荧光，但是却不能闪光。从身体构造来看，这些萤火虫的发光器比会闪光的同胞们简单多了。Photuris 属幼虫发光器由两个直径半毫米的圆盘构成，位于腹节最末端。每个发光器里有 2000 多个发光细胞，并且随意排列。发光细胞里的线粒体和过氧化物酶体全部杂糅在一起，细胞器不像闪光萤火虫那么近乎变态地整齐排列。此外，刺激发光的神经直接与每个发光细胞相连。

形态反映了功能，发光器内部结构的细微差异为我们指明了道路，帮助找出闪光萤火虫快速切换它们的灯光的秘密开关。

找寻萤火虫之光的开关

萤火虫成虫是少数几种能够精准控制生物荧光输出的生物的一种。光的开关让闪光萤火虫能够进化出准确如摩斯密码的求偶信号。萤火虫如何控制体内化学反应释放精准的闪光？如何用于两性沟通？在 2001 年前，我们对这些问题的答案一无所知。

一个春天的中午，我在塔夫茨大学和同事们共进午餐。一次随意的闲聊激发了我们的兴趣，我们决定携手做一个有趣的富有成效的联合实验。和雷德·索克斯聊过后，我们开始讨论萤火虫及其体内发光器的工作原理。我们想弄清楚神经信号是如何从神经突触传递到发光的吞噬细胞的。在场的都是一群专业人士，有昆虫神经生物学家、生物化学家、进化生态学家，所以我们决定找到问题的答案。研究小组还包括我的丈夫托马斯教授，他在哈佛医学院研究一氧化氮的生物学功能。一氧化氮看似简单，实则是个重要的分子——由一个简单的氮原子和氧原子组成——通常被简写为 NO。这是一种由酶形成的短暂存活、易挥发的气体，帮助在细胞间传递信息。在人体内，一氧化氮负责控制一切，从血压、阴茎勃起到学习记忆。它是真正意义上的全能分子，在其他动物体内它还发挥着多重生物功能。

我们特别关注一氧化氮对线粒体产生的巨大效果。它能够短暂性关闭线粒体的活性呼吸，停止使用氧气。一氧化氮是否可以被用来控制萤火虫吞噬细胞中储存的发光反应物的供氧程度？

我和丈夫非常兴奋能够一起合作，这是我们在哈佛一起攻读研究生以来第一次参与同一个项目。这个浪漫的夫妻项目还包括我两个儿子——一个 8 岁，一个 11 岁，他们自告奋勇成为我的野外小助手，帮我抓萤火虫（见图 6.2）。我们把抓到的萤火虫带回实验室，装进自制的罐子里，里面填充着普通的空气或者一氧化氮。神奇的是，每次填充一氧化氮时，罐子里的萤火虫就会持续发出闪光或者荧光。像开关一样，每次关掉一氧化氮，光亮就会消失。我们还做了一些实验，在这些实验中，我们将添加了药物的萤火虫发光器隔离浸泡在盐溶液里。一般来说，当萤火虫发光器加入神经递质章鱼胺，会出现光亮：萤火虫发光器 + 章鱼胺→光。但是我们发现一氧化氮这种有名的去活性化学物质的加入会完全抑制正常的章鱼胺反应。所以我们得出：萤火虫发光器 + 章鱼胺 + 一氧化氮灭活剂→黑暗。

这些实验让我们对萤火虫灯光的开关有了新的认识，并显示出一氧化氮参与闪

图 6.2　研究萤火虫如何控制闪光的实验变成了一项家务事。左起顺时针分别是我的丈夫托马斯·米歇尔、我本人、两个儿子本和扎克。（照片由哈佛报社提供）

光的控制及发光细胞产生一氧化氮。这是如何做到的？我们推论的顺序如下：发光器接收到一个神经信号，释放章鱼胺刺激附近的细胞产生一氧化氮。易挥发扩散的气体迅速接触到附近的吞噬细胞，与密切分布在边缘的上百万线粒体接触。通过暂停线粒体的呼吸作用，一氧化氮打开了氧气的通道。线粒体停止呼吸时，原被用来消耗的氧气会自由扩散到吞噬细胞内部。在过氧化物酶体中，被激活的荧光素 - 荧光素酶组合正等待着和新鲜的氧气结合发生化学反应，光就此产生！当神经信号停止，一氧化氮停止生成，线粒体恢复呼吸作用，消耗所有进入吞噬细胞内部的氧气。没有了氧气的供给，过氧化物酶体中的发光反应停止，发光器回到黑暗状态。

所以一氧化氮似乎是萤火虫发光开关的神秘配方。一氧化氮由大脑神经冲动在萤火虫发光器内部产生，它控制着线粒体呼吸作用的开关，控制着氧气的阀门，决定它们是否可以进入吞噬细胞深处完成发光反应。我们在这个无处不在的信号分子身上又发现了一个全新的生物功能。一氧化氮不仅在人类性功能——控制阴茎勃起上扮演着重要角色，还扮演着萤火虫两性闪光沟通的使者。2001 年，我们将这一发现刊登在《科学》杂志上。

后来，我们有幸在"萤火虫 @50"学术报告会上分享了我们的研究结果。该报告会因生理学家约翰·巴克近半个世纪对了解萤火虫闪光现象的学术贡献而举办。虽然他当时已经接近 90 岁，对一氧化氮也了解不多，但约翰·巴克还是非常高兴能听到关于萤火虫闪光开关的新工作原理。

同步协作

约翰·巴克对闪光控制的兴趣并未止步于了解一只萤火虫的控制原理，他还想了解上百只萤火虫的闪光是如何协调一致的。20 世纪 60 年代，约翰·巴克开始对东南亚地区潮汐河流沿岸的曲翅萤感兴趣。有报道说当地有上千只雄性萤火虫聚集在树上，每晚有节奏地同步闪光好几个小时。虽然有人对此持怀疑态度，但居住在泰国的一位自然学家曾于 1935 年作出了以下神奇的描述：

想象一下，一棵 35 ~ 40 英尺高、枝繁叶茂的树上，每片鹅卵形圆树叶上都有一只萤火虫，全部萤火虫整齐划一地保持着每两秒三次的闪光频率，每次闪光后重回黑暗。河流两岸有好几十棵这样闪着荧光的树。想象一下，十分之一英里长的河岸不间断种植着海桑属树木，每片叶子末梢都栖息着完美同步频率闪光的萤火虫。

这位自然学家这样总结："如果一个人的想象力够丰富，他脑海中会浮现出一幅神奇的画面。"还有人说这种萤火虫每晚都聚集在同一棵树上，持续好几个月。这样，夜间在航道里划船的船家可以将这种有萤火虫的树作为指路灯塔。约翰·巴克上钩了。1965 年，他和伊丽莎白在美国国家地理协会的资助下前往泰国曼谷南部的湄公河。黄昏后，他们租了当地一条称为水上出租车的小船，在盘根错节的海桑属红树林间观看静态下雄性萤火虫在一起发出犹如圣诞节彩灯一样的闪光。在轻轻摇曳的独木舟里，他们使用有光线记录功能的光度仪和 16 mm 录像相机拍摄了第一份萤火虫同步闪光的科学文献的影像资料，还拍摄了一些 Pteroptyx malaccae 萤火虫的影像资料。伊丽莎白后来回忆：“你只要伸出手晃动树枝，萤火虫就会像下雨一样从叶片上掉下来。”随后，他们抓了一些萤火虫带回他们在曼谷下榻的酒店房间。到了房间里，萤火虫还可以飞行很短的距离，最后停留在房间的家具和墙上。约翰·巴克观察到，几只雄性萤火虫先以小组形式同步闪光，后来整个屋子都是同步的闪光。

对于约翰·巴克和我们所有人，观看萤火虫同步性的闪光表演是一次足以改变人生的经历。虽然其他生物，包括青蛙、蟋蟀和蝉有时集体发出的同步叫声也令人印象深刻，但是萤火虫同步闪光的这一幕——上千个明亮的光点在寂静无声的环境中闪烁——看过一次就不会忘记。

约翰·巴克最终在《科学》杂志上发表了他们的成果，8 页的技术分析后，他给出了一个简短结论：我们关于泰国萤火虫的同步闪光性的记录不是一个错觉。接下来的 50 年里，约翰·巴克和他的学生们通过记录、测量和做实验来解读萤火虫是如何通过生理性机制来大范围保持它们的闪光同步性的。

这些会同步闪光的萤火虫，就像控制人类心脏跳动的大量起搏细胞，体现了一个名为“脉冲耦合振荡器”的数学概念。史蒂夫·斯托加茨在他的《同步》一书中明确解释，这个系统由很多不同的“振荡器”构成，受各自体内节拍器的控制。每一只萤火虫都有着自己的节拍规律，时间会根据对面接收到的闪光而自动调整。每晚，雄性萤火虫开始求偶时发出的闪光是零散且不同步的。但是它们会根据附近回馈的闪光自动调整自身的频率与之匹配，自然而然地形成了同步性。

约翰·巴克的研究集中在了解萤火虫如何重启体内节拍器。他发现，有些种类的萤火虫的节拍器之所以需要调整是因为“相位延迟”机制。一只雄性萤火虫会根据自己看到的四周的事物，来决定延长或者缩短一个闪光周期。这种一次性的调整是伴随着异性对雄性普通闪光轮次之后作出的反馈而迅速发生的。在其他的同步闪光萤火虫中，例如能维持同步闪光长达几个小时之久的 Pteroptyx malaccae，决定它们能集体同步闪光的机制更加复杂。它们会根据四周回应的闪光情况，持续重新矫正体内节奏。

正是由于约翰·巴克及其学生们的努力，我们现在对部分萤火虫能够同步闪光有了一个很好的认知。但这些雄性萤火虫进化出同步闪光的特性的原因，依旧是个谜。确实，为了正确解释造成同步闪光现象的进化驱动力，持不同意见的萤火虫生物学家展开了几十年的激烈辩论。

科学机密

1985 年，在一个微风吹拂的美丽夏日，我和约翰·巴克及其妻子伊丽莎白三人坐在他们夫妇俩停靠在伍兹霍尔港的一艘 18 英尺长的科德角单桅帆船上。眼神犀利、神色庄严的约翰·巴克有一股老派绅士的优雅，他性格果敢，不爱说话。有时候我掌舵，我会尽可能地避免在热闹的海港发生任何严重的撞船事件，但其实我多虑了。每到夏天，他们夫妇经常会来到伍兹霍尔港。约翰·巴克还是每周单桅帆船俱乐部比赛的常客，他甚至被当地报纸冠以"老水手"之名，写进每周帆船比赛赛事报道。聊完了帆船，在他们位于港湾的夏日小屋里，我们聊了几个小时的萤火虫。

我那天前去拜访，主要是为了见一见这位久闻大名的科学家，多亏了他，我们才能知道如此多的萤火虫知识，同时还希望了解为什么这位主张和平的教友派信徒会和吉姆·劳埃德（第三章提到的野外生物学家）针锋相对这么长时间。20 世纪 80 年代，我刚开始研究萤火虫，不久就发现当时美国萤火虫研究被分为两大派系，一派支持吉姆·劳埃德和他的学生们，而另一派支持约翰·巴克和他的学生们。很明显这两大派系水火不容。当时我还年轻，并没有随便站边。我提出了一个关于萤火虫雌雄淘汰的有趣问题，并尽我所能地去寻找一个正确的答案。还好我和两边支持者都能处理好关系。这一场激烈的科研学派之争持续了几十年，我听过很多讲述这场争辩如何毁掉了其他人的一生的可怕故事。

他们到底在争辩什么？从我分别和双方支持者的谈话中，我了解到在 20 世纪

70 年代中期，双方派系在各自准备发表的论文草稿的同行评议环节中曾经发生过一次不愉快的争执。但是这种事情在科研界早已司空见惯，这种常见的争执不足以解释为什么造成了此后好几代学术研究者几十年间长期不和的局面。或许他们争论的是哪里才是最适合进行萤火虫研究实验的场所。约翰·巴克几十年的研究习惯于在有严格控制的条件下进行科学实验，这只能在实验室里完成。事实上，要想实现如此苛刻的研究条件，势必会以牺牲了解动物在自然环境下的习性为前提。而吉姆·劳埃德一生的时间都在野外观察和记录动物的习性。其实约翰·巴克也在野外进行过实验，他曾经在伍兹霍尔附近的巴尔的摩自家后院里观察过 Photinus 属萤火虫，曾经前往东南亚实地考察同步闪光萤火虫。所以，一项生物科学想要单纯将实验室和野外考察分割开来是不可能的。

实际上，这两位科学家争执的是他们的科学观点中更加本质的区别。一位一生都在回答"如何"的问题，另一位一直在询问"为什么"。在 1963 年发表的一篇著名论文中，尼可·丁伯根为动物行为的研究提供了一个更为综合整体的方法。他提出了科学家们在解释某种动物行为、形态或生理机能时可能会问的四个问题：（1）这个特性的目的是什么？（2）如何进化而来？（3）工作原理是什么？（4）在生命周期之中如何发展演变？

前两个问题被称为"最终"问题，因为它们要求回答动物为什么会展示出某种特定的特性。回答这种问题的核心在于了解这些特性是如何进化而来的，目前如何影响生物体的生存或者繁衍能力，属于行为生态学的范畴。而后面两个问题经常被称为"直接"问题，因为它们集中解答动物特性是如何做到的，核心在于建立关于特性的一个机械原理的了解，属于动物生理学的范畴。

从 20 世纪 60 年代中期到 80 年代末期，这种直接—最终问题之间的紧张关系导致关于萤火虫生物的各种问题都会出现小范围的争执和冲突。战火最激烈的莫过于双方就萤火虫闪光同步性所持的不同解释。回答最终类型问题需要对萤火虫的进化论有深入的了解，所以关注直接类型问题的生物学家有时会回避最终起源类型问题。科学家也是人，人总会有不同的倾向爱好。约翰·巴克是一位生理学家，正如我们所见，他是解释同步性直接机制的顶尖专家。但是通过与约翰·巴克的交谈和邮件来往，我认为他尚不能很好地从进化论的视角来回答最终类型的问题。吉姆·劳埃德则是一名行为生物学家，热衷于回答为什么萤火虫会同步闪光的终极类问题。

在第二章中，我提到了一些科学家关于萤火虫同步性的假设。我们现在还没有一个确定的答案，但约翰·巴克和吉姆·劳埃德两人费了大力气来论证自己的观点。双方激烈地抨击对方对雄性萤火虫从同步性中获得的进化论收益的解释。约翰·巴克坚持认为只有整个雄性群体可以获得某种好处，同步性才会进化而来。而吉姆·劳埃德认为作出这一进化选择的基本在于个体萤火虫，同步性还能提高参与协同闪光的单个雄性萤火虫的繁衍成功率。只有为雄性萤火虫提供除团体优势外的个体繁衍优势，它们才会具备脉冲耦合振荡器行为的神经原理和其他特性。

这些优势到底是什么，我们还不得而知——会到处飞行的萤火虫（例如 Photinus carolinus）和静止不动的萤火虫（例如曲翅萤）之间的进化论优势还具有差异性。很遗憾，约翰·巴克和吉姆·劳埃德对于这两种区别从未达成一致。虽然两大派系都致力于帮助加深人们对于萤火虫生物的了解，但是在科学的海洋里，两艘大船发生了碰撞，在迷雾中失去方向，被各自的坚持蒙蔽了双眼。

我们知道同步性，一种雄性萤火虫自相矛盾的行为，仅仅是萤火虫求偶仪式的第一步。一旦雌性出现，雄性的齐心协作立即终止，个人秀马上开始，每个雄性都试图从竞争中脱颖而出。琳恩·福斯特描述过 Photinus carolinus 雄萤见到一个雌萤的回复信号会作出什么反应。它们马上从同步大部队中撤出，闪光从六点脉冲切换成单点脉冲。当雄萤接近雌萤时，琳恩·福斯特口中的"闪光大乱斗"即开始。对手会快速释放出光亮，就像在黑夜中点亮的鞭炮。为了具备竞争力，雄萤会围在雌萤四周，激烈地推搡彼此，用头盾将对方推开。哪怕其中一个成功获胜赢得美人归，失败的对手依旧会趴在交配中的萤火虫身上几个小时。

我们不知道当一只雌性曲翅萤飞到一棵满是正在同步闪光的雄萤的树上会发生什么。一个研究曲翅萤的科研者写过，当一个雌萤降落在附近，雄萤会将腹部旋转180 度，径直朝着雌萤的正脸方向。或许这样能让雌萤更好地评估雄萤闪光的亮度或者希望耀眼的光芒会致使雌萤看不到对手的逼近。其他曲翅萤似乎使用有待确认的化学信号来赢得异性青睐。闪光萤火虫的雄性竞争和雌性选择是如何进行的，我们至今一无所知，仍然有很多问题等待着被解答。

***

我办公室的青灰色文件柜中有两个大文件夹，一个写着约翰·巴克的名字，另一个写着吉姆·劳埃德的名字。每个都塞满了两个流派在各自漫长且成果丰富的科研生涯中发表的所有学术论文。光面纸印刷，作者亲笔签名，这种重印本载体代表的是一种可贵的科研传统，但早已被 PDF 电子档和在线科研论文取代。我现在还保留着这些纸质文件，因为它们是一种有形的重要表达形式，代表着各自对萤火虫研究的重大贡献。如果他们两位意识到彼此在科学问题上的分歧其实是相互互补而非敌对，我们是否会了解到更多的萤火虫知识呢？虽然这种分歧源于生物研究普遍存在的两分法，但他们两方的科学恩怨给萤火虫的研究带来了漫长的阴影。学派之争带来的最大伤害可能是两派的固有成见妨碍了背后支持他们的有前途的学生们。庆幸的是，这片阴影已开始消散，世界上涌现出一批新的年轻科学家，他们开始携手共同扩展我们对萤火虫生物性的研究。

在这一章，我们深入探讨了萤火虫的发光器内部，萤火虫如何发出神奇的光亮，这种神奇的发光能力如何进化而来。现在，是时候抛开发光的话题，来聊一聊萤火虫黑暗的一面了。

第七章

* * *

砒霜蜜糖

如此甜蜜之所从未出现剧毒。

——莎士比亚

昆虫的爱情

我敢打赌用鼻子去闻昆虫的次数没人比得过已故的昆虫学教授托马斯·艾斯纳，他曾在康奈尔大学执教 50 多年。艾斯纳是全球有名的化学生态学领军人物。艾斯纳早早就迷上了萤火虫，这种便携式的魅力倒是和他颠沛流离的童年很相配。艾斯纳 3 岁的时候就和家人一起为了躲避希特勒从德国逃到巴塞罗那，却碰上了西班牙内战，全家又搬到了乌拉圭。十几岁的艾斯纳有大把的时间在野外玩耍，撬开木头和石头寻找喜欢的虫子。南美生物的丰富多样性让他着迷。同时他对昆虫的着迷还与父亲有关。他父亲是一位药剂师，喜欢研制香水。也许是微妙香气的熏陶让艾斯纳从小就对气味非常敏感。总之，艾斯纳最终走上了一条集昆虫、化学和生物行为研究于一体的职业道路，研究昆虫进化成功背后的神秘策略。

1957 年，艾斯纳来到康奈尔大学，很快他就和化学家杰罗尔德·迈沃尔德组队研究昆虫是如何利用化学武器来防御自己、击退对手的。他们创建了一个新的学科——化学生态学，如今这一学科蓬勃发展。艾斯纳自诩为生物学家中的探险家，一直对自然历史有着浓厚的兴趣。很长一段时间里，他沉浸在这些昆虫及其伙伴的小人国世界里，近距离观察其与捕食者的对抗，记录其有趣的生活习惯。特别是一些昆虫被抓在手上时，它们会释放出刺鼻的气味，艾斯纳学到的最好的方法就是闻的时候要十分小心。从他的野外观察受到启发，托马斯·艾斯纳和迈沃尔德开始做具体的实验并进行化学分析。在长达50多年的高效协作的过程中，两位科学家发现昆虫对付敌人的手段五花八门：盐酸飞镖、黏性分泌物、蜜蜡藏身、麻醉性液体、防水的迷雾、腐蚀性喷雾。为了在强敌环伺的环境里生存下来，昆虫进化出这么多种类的化学武器，足以证明其在化学上的天赋才能，生动地展现了进化过程中的创造力。

擅长讲科学故事的艾斯纳通过500多篇学术文章，以及科普读物、电影和采访，分享自己的科学发现。他还是一名极具天赋的摄影师，其科学论文和书里全是他自己拍摄的动作大片——照片捕捉昆虫进行防卫的瞬间。在漫长的科研生涯中，他总是毫不掩饰地表达自己对昆虫的热爱之情，用一句简单的话来概括就是"爱情的牢笼陷进去就出不来"。

萤火虫早餐？不，不！

解密了萤火虫闪光密码的吉姆·劳埃德在20世纪60年代中期拜师艾斯纳，获得了自己的博士学位。所以无可避免地，萤火虫成功吸引了艾斯纳的注意力。我们已经知道萤火虫在求偶上会协同合作，和潜在合作伙伴聚集在一起使用极易觉察的明亮闪光来吸引异性。在癞蛤蟆、蝙蝠和其他以昆虫为食的饥肠辘辘的天敌注视下，萤火虫为何敢如此明目张胆地表达自己的性饥渴？

20世纪70年代中期，艾斯纳开始研究萤火虫的化学武器。夏天，他和家人一起展开了一个联合项目，他们招募了一位有羽毛的好帮手：宠物鸟Phogel，一只斯氏鵟。和主人一样，Phogel也喜欢昆虫，只是在它的眼中，昆虫是心爱的早餐。每天一大早，艾斯纳把看到的昆虫都抓起来。等一家人吃完早饭，他们就开始做实验。

他们把小玻璃瓶里的昆虫一只只倾倒在 Phogel 的食物托盘里。事实证明，Phogel 对食物非常挑剔。大部分昆虫它都吃得很香，这些昆虫就被标记为"美味"。那些啄两下就再也不碰的昆虫，就被标记为"难吃"。被嗤之以鼻的那些难吃的昆虫即使两个星期后被艾斯纳再次拿到 Phogel 面前，还是被嫌弃了。剩下的那些 Phogel 饿了就吃、不饿就不碰的虫子就被归为"勉勉强强"一类。那个夏天，Phogel 这位美食评委尽职尽责地品鉴了来自 100 多个种类的 500 多只萤火虫。结果发现，萤火虫经常被划分为"勉勉强强"那一类。

并不是只有 Phogel 不喜欢萤火虫，还有好几个以昆虫为食的生物觉得萤火虫很难吃。吉姆·劳埃德搜集了很多这种奇闻逸事，把在猴子、蟾蜍、蟋蟀、壁虎、鸡和其他鸟类中发现的对萤火虫的厌恶都记录下来。他把 Photinus 属萤火虫喂给安乐蜥属蜥蜴，后者很快就吞了下去，但下一秒就吐了出来，擦拭鼻子好几分钟。和 Phogel 一样，蜥蜴和萤火虫的初次见面非常不愉快，这种嫌弃令蜥蜴印象深刻到好几周后依旧绕着萤火虫走。

其他蜥蜴就没这么聪明了。20 世纪 90 年代末期，鬃狮蜥属蜥蜴不明原因的死亡现象开始在兽医圈子里流传。鬃狮蜥属蜥蜴是一种外来的爬虫类，长得像有胡子的龙。这种来自澳大利亚的宠物蜥蜴现在在美国广泛繁殖。它们的死因是被一个兽医发现的。他了解到，一些出于好心的蜥蜴主人给宠物吃当地捕捉的萤火虫。鬃狮蜥属蜥蜴像往常一样吞下去后，马上开始剧烈摇头晃脑，不停地张大嘴巴，棕褐色的皮肤变成了黑色，身子一翻，死了。虽然我从没有亲眼见过，但是很明显鬃狮蜥属蜥蜴缺乏足够多的信息来远离萤火虫，或许它们的生活圈子里很少出现这种有毒的昆虫。

即使白天觅食过程中经常看见栖息在植物上的萤火虫，鸟类和蜥蜴这些食虫类动物还是会绕道走。那么夜间出没的食虫动物，比如蝙蝠、蟾蜍和老鼠呢？在新英格兰，研究者收集了四种蝙蝠储存的粪球。260 个蝙蝠的饮食名单里没有出现萤火虫，即使捕捉地点是萤火虫频繁活动的地区。测试的蝙蝠是人工饲养的，用黄粉虫幼虫（常被作为宠物鸟、爬虫和其他食虫动物的饲料出售）喂食。但是当研究者将含有磨碎的 Photinus 属萤火虫粉末的溶液涂抹在黄粉虫幼虫上，蝙蝠马上就察觉出一丝不同，哪怕轻轻舔一舔，就会咳嗽摇头，不停地擦鼻子。科学家在蟾蜍和老鼠身上做过类似实验，结果是一样的。

有非常多的例子证实其他贪吃的食虫主义者也会毅然拒绝萤火虫这道菜。哪怕以亲自品尝昆虫而闻名的艾斯纳也放弃了试吃萤火虫，因为味道确实太恐怖了。这给我们的教训是，你可以毫无保留地热爱萤火虫，但千万别吃它们！

化学武器

回到伊萨卡岛，Phogel 挑剔的味蕾首先启发了艾斯纳及其康奈尔大学的同事分析萤火虫的防御武器。他们好奇的是，到底是什么让 Phogel 对萤火虫如此厌恶？通过十几年漫长的研究，他们最终发现了一个充斥着毒药、热情、诡计和死亡的故事，甚至可以与最精彩的谍战惊悚片相媲美。他们最开始在野外捕捉了五只隐居鸫，又做了一次试吃的实验室实验，看看它们是否和 Phogel 一样不喜欢萤火虫。

实验中，他们为每一只隐居鸫依次提供 16 种食品。这些食物随机排序，其中1/3 是 Photinus 属萤火虫，其余的是美味的黄粉虫幼虫。隐居鸫用自己的嘴巴投票，结果是它们吞下了所有黄粉虫幼虫，一共 274 只，但是只吃了 135 只萤火虫中的一只。而且那个误吞了萤火虫的可怜隐居鸫马上就吐了出来。很明显，在这些平时嗜虫成性的鸟类眼里，萤火虫是难以下咽的。科学家还发现，即使萤火虫被鸟类啄到了，还是可以毫发无损地全身而退。

为了找到大家如此厌恶萤火虫的原因，艾斯纳团队搜集了一些萤火虫，从其体内提取出化学元素。在萤火虫的血液中，研究员发现了带有苦味和毒性的类固醇混合物（见图 7.1）。在蟾蜍产生类似的化学物之后，这种有毒的类固醇被命名为"萤蟾素"［lucibufagins，由拉丁语 lucifer（光的信使）和 Bufo（释放同类化学元素的蟾蜍）组合而成］。

既然萤火虫身上全是化学元素，那萤蟾素是否专注于防御进攻？再一次，隐居

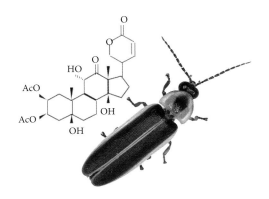

图 7.1　萤火虫的化学武器：Photinus 类萤火虫通过有毒类固醇"萤蟾素"来自卫。（帕特里克·科因　摄）

鸫又被我们征用参加特意设计的生物活体鉴定实验。黄粉虫幼虫又一次出现在了菜单上，但是这一次有一半的黄粉虫幼虫身上涂抹了一层从萤火虫中提取的萤蟾素。结果隐居鸫吃了 93% 未经涂抹的黄粉虫幼虫，只吃了 48% 涂抹了萤蟾素的黄粉虫幼虫。涂抹了萤蟾素的黄粉虫幼虫很明显在猎食者眼中失去了吸引力。

大自然被证明是一位卓越的具有创造性的化学家。艾斯纳和同事发现一个种族的萤火虫可以产生不同的萤蟾素，但是它们的化学性是彼此相连的。这些不同的萤蟾素化学框架相同，但是分子基团不同。所有不同的萤蟾素属于同一个有毒的类固醇大类，名为蟾蜍二烯羟酸内酯（以蟾蜍属皮肤中发现的毒素命名）。这些化合物毒性极大，因为它们几乎对任何动物都有效。高剂量的蟾蜍二烯羟酸内酯可以使一个对所有动物细胞至关重要的酶失去作用。这种酶叫作钠钾泵，能通过细胞膜积极运输带电的钠离子和钾离子。运输可以产生电位，让动物进行重要行为，例如思考和控制肌肉的运动。结果是，很多植物和部分动物最终都进化出了有毒蟾蜍二烯羟酸内酯作为自己的化学武器。

与之矛盾的是，很多"有毒的"类固醇最终被证实在治愈人类疾病上具有重大价值。蟾蜍二烯羟酸内酯与类固醇强心剂有紧密的联系，例如心血管药物洋地黄。这种药取材于洋地黄植物，也是大自然化学武器的一种。如果低量摄取，这种有毒类固醇会产生好的疗效，数百万以洋地黄作为心脏病药物的患者可以证实这一点。通过加强心肌收缩和降低心率，洋地黄和相关化合物可以有效缓解心脏衰竭症状。

蟾蜍二烯羟酸内酯常被广泛应用于印度、南亚和中国的传统中药，用于治疗许多疾病，包括感染、炎症、风湿、心脏和神经系统疾病。例如，蟾蜍是常见的喉咙痛和心脏病的中药处方药，其主要活性成分是从蟾蜍中提取的蟾蜍二烯羟酸内酯。此外，蟾蜍二烯羟酸内酯还逐渐引起医药业的注意，被作为治疗癌症的新型药剂，不会对化学疗法产生耐受作用。虽然尚未检测萤火虫体内的蟾蜍二烯羟酸内酯，但是其他种类的蟾蜍二烯羟酸内酯已被证明可以杀死癌细胞，抑制老鼠体内源自人类的肝肿瘤和宫颈肿瘤生长。显然，我们只窥见了萤火虫身上化学财富中的冰山一角，要想知道这些化学物质如何改善昆虫和人类自身的生存现状，我们还有很多东西需要研究。

多层次的防御战略

像其他运筹帷幄的防御战略家一样，萤火虫进化出多种武器来抵御来犯的敌人。除了带有毒性，萤火虫还气味难闻、口感太差。这些特性对其非常有利，因为这会警告关注身体健康的猎食者放弃第一次进攻，避免受到重创。

部分萤火虫被攻击后会马上释放出血液飞沫，这种行为叫作反射出血。（与脊椎动物的血液在动脉和静脉内循环不同，昆虫的血液在体腔内更自由地循环。）萤火虫的血液从受到压力发生破裂的微型结构中渗出来，凝结成一种具有黏性的物质。如果一只蚂蚁攻击萤火虫，很快它就会发现自己被泡在一个血池里。萤火虫渗出的血液变得很黏稠，覆盖蚂蚁的下巴，缠住蚂蚁的四肢，固定住攻击者，给自己充足的时间逃脱。对于小型的攻击者来说，反射出血的行为看似是一个非常有效果的战略技巧。但是如果碰到大一点儿的猎食者，例如鸟类，萤火虫又如何毫发无伤地逃脱呢？反射出血或许也能发挥作用，这些高阶的猎食者是不会被黏稠的血液击退的。击败它们的是萤火虫血液里的萤蟾素。苦涩的味道会让进攻者下不了口，并警告它们吞下去会中毒。

其他萤火虫在受到攻击时也会释放一种特殊的气味来击退猎食者。如果你曾经试过虐待一只萤火虫，或许会对这种刺激的气味有印象，这是一种介于烧焦的骨头和新车之间的味道。对于成年萤火虫，这种气味有可能来自反射出血的过程；对于幼虫，这种气味由专门负责防御的腺体产生。一些萤火虫幼虫的头尾两端有一对弹出式的小型腺体，平时是收起来的，一旦遇到攻击，幼虫会迅速弹出这对腺体，释放一种具有挥发性的化学物质，带有松树油或者薄荷的味道，萤火虫种类不同，气味不同。雷氏萤（Aquatica leii）——一种来自中国的萤火虫——幼虫的防御腺体已被证明能有效抵御鱼、蚂蚁和其他食肉动物的攻击。

　　虽然萤火虫有复杂的防御策略，某些无脊椎动物猎食者却有方法破解所有防御工事。2011 年，我和同事来到大雾山国家公园，看看到底哪些猎食者会利用每年一次的萤火虫光影秀。每年有无数只 Photinus carolinus 聚集在此上演生机勃勃的交配大戏。我们发现，在晚上很多以虫为食的动物不请自来，混入这场荧光盛宴，偷偷盯着眼前的食物。混进来的嘉宾中有盲蛛、猎蝽和其他蜘蛛（见图 7.2）。所有这些猎食者很明显都躲过了萤火虫的化学武器，虽然我们现在还不知道原因。我们还碰

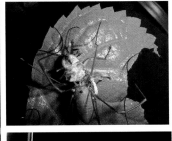

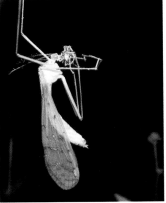

图 7.2　某些无脊椎动物明显没有察觉萤火虫的防御工事。这些捕食者包括（从左上角顺时针方向）狼蛛、盲蛛、悬蝇、猎蝽。（拉斐尔·德科克　摄）

到了一些特殊的猎食者——对某个特定的萤火虫有特殊癖好的雌性猎食者。

警示牌的进化之旅

在复杂的反食肉动物防御大战里，萤火虫还有一些额外的小伎俩。第一道防线是一个早期警告信号，希望能在袭击发生前就成功击退敌人。

查尔斯·达尔文的同辈及同事阿尔弗雷德·拉塞尔·华莱士是自然选择的发现者。这位自然主义者和收藏家花了12年游历亚洲热带地区和南美。在热带地区进行野外考察的过程中，华莱士见到了很多令人吃惊的虫子，包括一种蝴蝶，其在成虫和毛毛虫时期色彩都非常丰富。鉴于它们长得太引人注目了，华莱士不禁猜测它们是如何躲过被吃掉的命运的。经过研究，他将这种蝴蝶描述成：

> 异常漂亮，色彩斑斓；红色和黄色相间的原点和条纹，或者黑色、蓝色、褐色底纹上点缀纯白色的斑点……它们飞得很慢，看上去很瘦弱。虽然它们看上去很打眼，人们总认为比起其他虫子，食虫鸟类会更容易去抓它们……但事实上没有鸟类会打它们的主意。……这些漂亮的蝴蝶身上有刺鼻的半花香或者药材味道，这种味道似乎遍布整个体液系统。……从这里我们可以大概猜到免于攻击的原因，已经有大量证据表明一些昆虫对于鸟类来说是不合胃口的，无论如何都不会碰它们。

当华莱士向达尔文提到这种警戒色的概念，达尔文回信说他"从未听过如此独具创意的想法"。华莱士认为仅仅是具有毒性或者味道不好这个优势还不够大，还是有昆虫会被猎食者吃掉或者受到严重的创伤。为了增加存活概率，很多动物将自己的毒药附上警示的标语，在它的天敌进攻之前就展开防御。华莱士认为这种"危险的旗子"有可能是一个显眼的色彩图形，或者是便于识别的气味、吓人一跳的声音。各种大小的有毒动物，无论是箭毒蛙、帝王蝶还是萤火虫，身上都有亮红色、深黑色和亮黄色图形的组合。这些颜色是一种可高度识别的警戒色，向所有可能的进攻者发出警告："离我远点，我有毒！"科学家现在将这种危险的旗子比喻为警示牌。

这种信号由自然选择创造而来，大胆地向攻击者宣扬自己的污秽肮脏，警告进攻者无视我的存在"不会带来好处"，损失的成本多于收获的营养。警示牌对猎捕者也有好处，能帮助它们轻松分辨，避开有毒的猎物。

萤火虫具备了这种提前预警系统，它们利用明显的颜色图形和生物荧光来降低可能的进攻概率。本书插图中，很多萤火虫——成虫和幼虫都有明亮的颜色，大多是黑色或褐色的底纹上面点缀黄色或红色的斑点。这些明显的色彩是针对白天出动的猎食者，例如鸟、爬虫和其他哺乳动物的一种警告信号。艾斯纳和同事用 Photinus 属成虫投食给隐居鸫，只要它们啄过一次并且吐出来，后面都会一直避开这种有毒猎物。一次不愉快的体验足以维持长期的厌恶感知。隐居鸫学会了从视觉上辨识出萤火虫，用它们身上的颜色来作为早期预警信号。

欧洲大萤火虫幼虫也有明亮的颜色：翅膀两翼底部乌黑色底纹上缀有亮橘色的圆点。和 Photinus 属成虫一样，这些幼虫也会产生萤蟾素。我们在第五章提到的拉斐尔·德科克，测试过紫翅椋鸟是否能学会躲避这些 Glow-worm 幼虫。和艾斯纳的隐居鸫实验一样，当紫翅椋鸟被轮流供给黄粉虫幼虫和 Glow-worm 幼虫时，它们会吃掉 98% 的黄粉虫幼虫，却压根儿不碰 Glow-worm 幼虫。紫翅椋鸟起初会攻击萤火虫，但是拒绝吃它们，后来干脆一看到萤火虫就扭头走。这些鸟也很快学会了如何躲避这些颜色明亮的有毒猎物。

我们之前讨论过，萤火虫在幼虫阶段就进化出会发光，其作为一种警告信号抵御夜间捕食的天敌。夜里闪动的光亮无疑是显而易见的，但是这样真的能帮助加深猎食者对于有毒的猎物不愉快的记忆吗？科学家们在经常夜间猎食的蟾蜍和老鼠身上做了研究，提供了很多强有力的支持证据。蟾蜍一旦和会发出荧光的 Glow-worm 幼虫有过一次接触，以后碰到任何会发光的人造猎物都会犹豫不决，迟迟不进攻。当猎物伴随着闪烁的 LED 灯时，小家鼠能更快地学会躲开不喜欢的猎物（在这个实验中，科学家将新鲜大米浸泡在有苦味的溶液里）。两个实验中，科学家用的都是人造的猎物而非真正的萤火虫幼虫，因为这样可以测试在没有幼虫警示气味的参与下，猎捕者认知能力的习得是否全源自光亮信号。

萤火虫幼虫似乎能有效利用生物荧光性保护自己。那么成虫呢？我们已经讨论过成虫利用自己进化而出的生物化学才能产生亮光，作为两性沟通信号，与可能的交配对象进行交流。那么这个信号是否也能击退进攻行为？

　　我曾经养过一只跳蛛作为宠物，我一直认为跳蛛比其他人想象的更聪明。几年前，我们做过一些实验，给 Phidippus 属跳蛛不会发光的、白天出没的 Ellychnia 萤火虫。我们之前已经知道这些跳蛛觉得这些萤火虫很难吃。做这个实验是想知道如果同时在闪光条件刺激下，这些跳蛛会不会更快得出萤火虫不好吃这个结论。实验结果是肯定的。那些有闪光条件刺激下的蜘蛛会比没有见过闪光的蜘蛛更快停止进攻并不美味的萤火虫。我的想法得到了证实——虽然仅仅是无脊椎动物，这些跳蛛成功地学会用警告光线来躲避难吃的萤火虫。

　　和蜘蛛一样，蝙蝠也是一种重要的夜间活动、以昆虫为食的无脊椎动物。我们已经知道蝙蝠不喜欢萤火虫的味道，但它们是否会将闪光作为早期预警，避免自己吃到一顿并不可口的晚餐？为了测试蝙蝠是否会躲开会闪光的猎物，科学家用会飞的诱饵模拟飞行的萤火虫。结果发现，相对于会闪光的诱饵，这些褐色的大蝙蝠会倾向于袭击那些不闪光的诱饵。但是闪光的诱饵对另外两种蝙蝠并没有影响，该吃的还是会吃。但部分蝙蝠起码可以利用萤火虫的闪光来判断哪些是难吃的猎物，从而避开它们。

　　以上实验彰显了荧光的保护能力。萤火虫发光不仅仅是为了找寻它们的爱情，也是在宣告自己的毒性。实验证实其他软体甲虫——萤火虫最亲近的表亲——也拥有化学性防御武器。所以有可能萤火虫在进化出生物荧光性作为预警功能之前，早就配备了有毒武器。很多猎食者学会识别这些显而易见的光亮信号是因为这样能帮助它们避开这些有毒的猎物。然而当猎物的警示信号刺激的是猎食者的多重感官——不仅仅是视觉，还有嗅觉和味觉，信号能建立更持久的印象。这一点，萤火虫完全符合，它们有鲜艳的对比色、刺激的气味和恶心的味道，所有这些特色叠加在一起让萤火虫成为极度令人厌恶、印象深刻的综合体。这种整体产生的威慑效果比单个部位的效果要强得多。

长相一样：美食还是毒药？

如果一个生物头举警示牌，那么它就是有毒的，对吧？生存是一种强大的力量，萤火虫的防守大戏以凌乱的支线情节取胜。其他生物狡猾地模拟萤火虫和其他善于防御的生物精心打造的表演。最好的广告招来抄袭者，有时候抄袭者会弱化警告信息，而有时候则会强化。

如果你曾经仔细翻阅过昆虫标本，甚至浏览过网络相簿上的萤火虫图片，你会发现其他昆虫在很多情况下和萤火虫很像（见图7.3）。互不关联的群体里单独进化出萤火虫拟态现象——例如飞蛾、蟑螂、花萤、红萤、天牛。它们没有很亲密的血缘关系，没有理由会有如此相同的花纹。其实这种外形奇迹般的类似是不同种类在躲避袭击时有共同的突发性事件，在这些事件的诱导下进行趋同进化演变而来的。这一进化出来的共有的危险旗帜预警很大程度上证实了华莱士的预感，即这种预警信号对动物的生存具有潜在的重大意义。

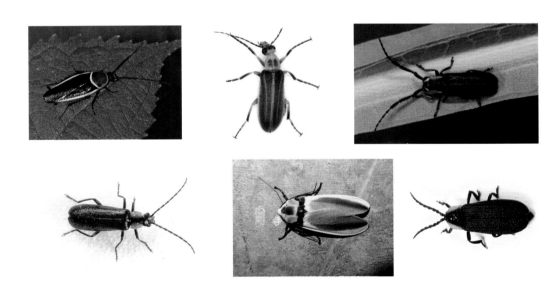

图7.3 萤火虫的小伙伴。很多远房亲戚显示出和萤火虫惊人的相似性：从左上开始顺时针方向依次为，蟑螂、斑螯、天牛、红萤、飞蛾、花萤。（图片版权拥有者见本章注释）

模仿或许是最诚挚的一种阿谀奉承，但不是只有萤火虫才会被模仿。两种截然不同的进化途径最终可能走向一个模仿一致的复杂体。19 世纪晚期，居住在巴西的两个欧洲自然主义者亨利·沃尔特·贝茨（1825—1892）和弗里茨·缪勒（1821—1897）首次发现了神奇的动物拟态行为。他们两人沉浸在热带地区丰富的物种里，每个生态位都充满着各种展现形式，虽然活在各自的世界里，但都在为了生存努力挣扎。贝茨和缪勒花了大把时间在巴西的热带雨林深处观察蝴蝶，发现了两大新的进化适应现象——现在名为贝茨 & 缪勒拟态，从而名垂青史。这种拟态源于自然选择。当时自然选择还未被提出，只是近代才有人提出来。

　　第一次与阿尔弗雷德·拉塞尔·华莱士见面时，贝茨还是一位富有激情的年轻昆虫学者，专攻英国甲虫和蝴蝶。他们两人当时都才二十出头，志趣相投，很快成了好朋友，结伴在乡下收集甲虫。受达尔文 1839 年出版的《小猎犬号航海记》中探险故事的启发，他们两人于 1848 年坐船来到巴西。他们依靠向英国的业余收藏家出售样本为生。在回到英格兰之前，华莱士在巴西待了四年，随后又去了马来群岛，与此同时贝茨则在亚马孙河流域继续探索了好几年。在此期间，贝茨将大约 14000 个昆虫标本运回英格兰，其中有一半以上的种类是西方没有出现过的。多年之后，贝茨回忆起自己在亚马孙海流域的 11 年是人生中最精彩的一段岁月。

　　贝茨当时正在观察颜色鲜丽的蝴蝶成群结队地拍打着翅膀飞过森林的下层植被，突然觉得哪里不对劲：这些蝴蝶从颜色到飞行，优雅的姿势都很类似。起初，他以为这些蝴蝶都是来自一个品种。但是当他仔细观察后，才发现它们竟然来自不同的品种。虽然它们看上去非常相似，其实只是远房亲戚。贝茨后来写下了这个惊人的发现：

　　　　这些模仿的相似之处，可以举出数百个例子……越深入地观察它们，我们就越惊讶……有时是微小的、易于觉察的刻意拟态，令人难以置信。

　　贝茨意识到一些美味的蝴蝶通过模仿一种更常见的、有毒的物种身上的警示颜色可以逃离猎食者的眼线。1862 年，这位生物学家发表了一篇论文，介绍自然选择是如何造就了这种拟态行为。首先，华莱士之前也提到了，一些聪明的猎食者，例如鸟类或者蜥蜴，会根据猎物身上的花纹和行为避开那些有毒的蝴蝶，但还是会寻找那些不一样的、可食用的猎物。同时，在这些可以食用的蝴蝶品种里，会持续地发生基因突变影响蝴蝶的外表并被筛选出局。猎捕者通常是这种筛选的执行者：基于它们与体内有毒、色彩艳丽的猎物发生的不愉快经历，聪明的猎捕者会知道哪些是可以下手的，哪些是要避而远之的。某一时刻，仅仅是机缘巧合，在可食用的种类当中会发生一种新的基因突变，让部分个体变成有毒的品种。这种偶然的模仿行为会帮助这些发生了突变的个体逃过一劫。在聪明的猎捕者的历练下，可食用的品种会慢慢积累基因突变，不断地提升自己模仿有毒同类的能力。最后，这些可以被食用的品种都尽量把自己装扮成猎捕者一直在躲避的有毒品种。像寄生虫一样，拟态行为让模仿者降低了被吃掉的风险，不需要投资自己的化学武器。当美味的模仿者数量增加，它们开始破坏这种警示信号一开始传递的含义。当代生物学家相信贝茨拟态是在一场不断进化发展的猫鼠游戏中逐渐演变来的：有毒的一方不断想方设法进化出新的警示信号来避免被别人伪装，可食用的伪装者锲而不舍地追逐对方的脚步。

但是其他拟态行为可能存在好处。与贝茨不同的是，缪勒在 1852 年离开德国时并没有想过再回去。他们一家移民巴西，住在农场，他在学校教书，一有时间就会仔细观察身边的事物。他观察到一些同时出现但不属于同一种类的有毒蝴蝶吃起来通常都非常难吃。缪勒认为拥有同一种警示信号可以帮助不同的有毒物种相互合作，诱导它们的天敌不要吃它们。他的理由非常简单，一个天真的猎食者可能要吃掉一百个带有警示颜色的有毒猎物才知道下次要避开它们。但是如果在两个长相类似的有毒品种中抽样得出了同样的结论，这两个品种个体被吃掉的可能性都会降低。在现在被称为缪勒拟态的理论中，伪装者的平均被捕食率有所降低。不同于贝茨拟态，这种互惠的互动方式是把整个严阵以待的大群体的痛苦分摊了。

这些萤火虫伪装者得分情况如何？一些仿冒品如红萤最有可能通过自己特有的化学防御手段来保护自己，如果真是这样，那这就是一种缪勒拟态：通过和萤火虫拥有相同的警戒色，这些有毒的昆虫和萤火虫一起共同分担被捕食的风险。如果是贝茨拟态，则是可口的虫类将自己装扮成萤火虫来躲避被吃掉的命运。这种特殊的进化过程中的次要情节甚至更加微妙。很多不同的萤火虫品种有着惊人相似的外表：头盾上有非常显眼的红色和黑色花纹，黑色翅膀边缘有白线。从某种程度上说，它们体内流淌着同一个祖先的血液。但某些萤火虫会不会其实是美味的旅行者，却进化出警示的颜色来模仿其他更具有毒性的萤火虫，还是所有萤火虫都是有毒的？我们现在还不知道答案。

萤火虫吸血鬼

和所有的伪装体系一样，萤火虫的伪装是不断进化的，我们对它的研究才刚开始。众多科学研究结果让艾斯纳及其团队发现了萤火虫真正神奇的伪装，一个绝对令你毛骨悚然的噩梦情节。

我曾经花了无数个夜晚偷偷观察萤火虫的交配。我和学生很早就出门去寻找Photinus属萤火虫，因为一般很难找到它们的身影。很快我们被上百只静静地闪烁着荧光的雄性萤火虫所环绕，它们也在寻找雌性的芳踪。但是这群雌性非常狡猾，它们安静地栖息在树叶上，只有看到一个自己非常满意的雄性才会发出一次闪光以作回应。正如第三章所述，在雄性发出求偶信号之后，雌性严格按照一个固定时间间隔作出回应。不同品种的 Photinus 属萤火虫，时间间隔上有很大的区别。有些每隔半秒回应，有的要等上五秒才会回应。雄性正是利用这种时间差来判断到底对方是不是自己的同类。

经过这些年的训练，我已经非常善于辨别雌性的回应闪光——看到雌性闪一两次就能定位它的所在地，然而，我常常被骗。等我凑近一看，叶子上的并不是含情脉脉的雌性 Photinus 属萤火虫在那里发出性感的信号，我被一个充满诡计、一心只想吃肉的蛇蝎美人玩弄了，它们将自己装扮成雌性萤火虫的样子等人上钩。

在北美，Photuris 属萤火虫群体里有一个有着不同生活方式的小群体：两性交配后，雌性负责诱导捕捉吃掉其他种类的萤火虫。它们动用了非常复杂的捕捉技巧，其中包括攻击拟态。因为雌性 Photuris 属萤火虫大多是吃雄性，所以吉姆·劳埃德给它们取了"蛇蝎美人"的称号。这些聪明的雌性利用自己的生物荧光，将自己作为诱饵，模拟其他品种的雌性闪光吸引雄性前来。毫无戒心的雄性一旦靠近，雌性就伸出四肢抓住雄性。它们体型庞大，长腿长脚，行动灵活，一个晚上可以吞下好几只雄性。

我花了一个夏天近距离观察这些"蛇蝎美人"，看它们如何进行攻击。一旦有猎物上钩，它们的四肢就紧紧地抱住这个可怜的雄性，下巴快速咬住雄性的肩膀，然后从创口处吸食血液（萤火虫的血液是白色的）。等到雄性身体内的血液被吸干，雌性再有条不紊地依次将雄性肢解，从柔软的部位比如头部开始，再到腹部。它慢条斯理地咀嚼每一口，最后把坚硬的残渣吐出来。几个小时后，整个猎物被它吃得只剩下一点点残渣。劳埃德曾经和我说过："雌性 Photuris 属萤火虫如果有家猫那么大，很多人晚上就不敢出门了。"现在我知道他为什么这么说了。

劳埃德说这些"蛇蝎美人"萤火虫是导致很多雄性 Photuris 属萤火虫死亡的原因。当他四处游历试图解开不同种类 Photuris 属萤火虫的不同闪光密码时，经常发现草丛里潜伏着可怕的生物。在每一个观察点，他都能找到这些潜伏者在试图模仿当地活跃的雌性萤火虫发出的闪光信号。它们是全能的猎人，每一个女猎人都可以从模拟信号库里任意切换成与猎物品种匹配的信号。这种充满进攻性的生活方式与人们所熟知的优雅和温柔的萤火虫形象相差十万八千里。下一次在夜晚看见萤火虫安静地闪烁着光芒，感叹这片刻的宁静时，请记住它们此刻其实正在进食。

但其中发生了什么？大多数的萤火虫成为成虫后已经停止进食，又是什么促使这些"蛇蝎美人"变得如此嗜肉成性？

这个问题始终没人能够解答，直到托马斯·艾斯纳决定扩宽萤火虫化学防御的研究范围。艾斯纳团队在许多萤火虫种类身上做实验，在三种 Photinus 属萤火虫和一种日间飞行的萤火虫 Lucidota atra 体内发现了萤蟾素。在伊萨卡岛野外捉到的 Photuris 属萤火虫身上，他们发现萤火虫体内的毒素含量存在很大差别。有些

Photuris 属萤火虫根本没有萤蟾素，但是有些——很大一部分是雌性——萤蟾素含量很高。难道吃掉雄性 Photuris 属萤火虫的雌性不仅仅是获得了一顿饱饭而已，它们同时还摄取了雄性体内的萤蟾素？

为了解答这个疑问，科学家需要找到还没有吃过任何同伴的雌性 Photuris 属萤火虫。他们从野外捕捉女巫萤幼虫，带到实验室环境下培养成成虫。成虫被分为两组。一组每只雌性喂食两只雄性 Photuris 属萤火虫，雌性迅速展开攻击并且吃完。另外一组没有喂食任何食物。然后，研究员测量两组雌性体内的萤蟾素含量。利用萤火虫反射出血的倾向，研究员只需要轻轻夹住雌性萤火虫，萤火虫就会流出小血珠。结果很明显，吃了雄性萤火虫的雌性血液中萤蟾素很高。没有吃雄性的那一组体内几乎没有萤蟾素。这些鬼鬼祟祟的"蛇蝎美人"不仅用骗术诱拐雄性将其当作食物，还榨取它们体内的毒素。它们为什么这么做？

艾斯纳团队征集了好几种最常见的食虫动物来帮助解释 Photuris 属萤火虫是否需要通过偷取萤蟾素来防御自己的敌人。他们使用 Phidippus 属跳蛛作为实验对象。这种蜘蛛和隐居鸫一样不喜欢 Photinus 属萤火虫。科学家将在野外抓到的 Photuris 属萤火虫献给跳蛛作为食物。和前面的实验一样，这些被当作食物的 Photuris 属雌萤中有一半吃了两只 Photinus 属萤火虫，另一半没有吃。跳蛛没有攻击那些吃过 Photinus 属萤火虫的女巫萤，剩下的，它们攻击并吃掉了大约一半。所以，雌性萤火虫是在用猎物体内的毒素来展开自我防卫。

正如我们所见，Photinus 属萤火虫进化出多层面的防御策略来进行防范，保护自己免受天敌，例如鸟类、蝙蝠或者跳蛛的袭击。在进化的命运之轮中，同样的防御功能却使它们成了心怀鬼胎的效仿者的目标，堪称戏剧性大转折。

Photinus 属雌萤无法自己合成防卫化合物，只能在晚上找寻萤火虫猎物，汲取它们身上的毒素。具有侵略性的闪光模拟行为只是它们用来获得萤蟾素的主动猎食策略之一。它们还会攻击飞行中的 Photinus 属萤火虫，通过定位雄性萤火虫的闪光信号来瞄准它们的所在地。对于雄性 Photinus 属萤火虫来说，这会造成一个两难局面：同种类的雌性希望雄性发射出来的信号越明显越好，这一点在第三章讲过，但当雄性发出更长更高频率的闪光时，它会将自己暴露在前来猎食的萤火虫面前。在两种不同的进化力量——自然选择和雌性淘汰相互拉扯中，雄性 Photinus 属萤火虫的求偶信号保持着微妙的平衡。

Photuris 属雌萤还有最后一招来获取自己所渴望的萤蟾素：偷。它们静静地蹲守在蜘蛛网附近，等待一只在外出寻找伴侣的过程中误撞上蜘蛛网的雄性萤火虫上钩。很快蜘蛛会用蛛丝缠住这只萤火虫，放到一边待会儿再过来吃。此时，雌性萤火虫轻轻跳上蛛网，灵活地来到猎物面前一把将其抓住。利用蜘蛛搭网的技能，很明显这只雌性萤火虫轻而易举地给自己找到了今晚的晚餐。它弯下腰，抓着无法动弹的猎物，开吃。当然，这种胆大的行为并不是没有危险，因为蜘蛛经常会回来巡场。如果蜘蛛在个头上有优势，这场战争的结局有可能是这只偷吃的萤火虫也会被蛛网包成蜘蛛的食物。

＊

我最初迷上萤火虫，就是因为它们神奇的两性生活。但是慢慢地，我开始对萤火虫化学防御的故事——一部融合了毒药、背叛和盗窃的惊悚大戏感兴趣。为了赶走饥饿的猎食者，萤火虫不得不进化出非常成功、多层次的防范体系。虽然有些生物化学上的魔法我们到现在还没弄清是怎么回事，但是我们知道萤火虫会分泌毒素来制服敌人。近期的发现帮助解答了长期以来的一个谜题：萤火虫的生物发光性一开始是用于何种用途？我们已经知道萤火虫制造了一个易于识别、好记的宣传信号传递给夜间出没的猎食者，让它们远离有毒的猎物。除了生物发光性，萤火虫还使用了其他技巧来躲避攻击：明亮的警示颜色，可以分泌毒素的可伸缩的腺体，受伤时渗血这一讨厌的行为。在以昆虫为食的世界里，在生死攸关的紧急事件的驱使下，萤火虫全副武装的防御组合拳生动地展现了自然选择的力量。

有时候剧情会有一个转折点，有些萤火虫已经丧失了进化过程中获得的制造毒素的技能。在猎捕者面前显得不堪一击的它们必须将其他萤火虫的化学武器挪为己用，储存起来用于自我防御。在需要食肉的前提下，它们主要依靠骗术和偷盗来获得毒素。这种有猎食需求的萤火虫很明显已经颠覆了那句谚语：其他人的毒药成了自己的盘中餐。

艾斯纳在遭受帕金森综合征折磨多年后，于 2011 年去世。昆虫是他一生所爱，他一辈子都致力于解密昆虫神秘的化学武器。2000 年的一次采访中，艾斯纳很高兴地向大家分享了自己当时是如何解密萤火虫的防御故事的。他说："夜晚充满了神秘，小时候的我觉得工作是一件有趣的事。"

很多萤火虫的化学防御之谜不断被人们解开，就像俄罗斯套娃，只有打开外面一层才能看到里面的玩偶，大自然的秘密正慢慢浮出水面。萤火虫是如何在制造或者传递如此强大的毒素的同时不让自己中毒的？其他萤火虫囤积了什么化学武器？虽然一直带有个人偏见，但是托马斯·艾斯纳认为昆虫是世界上最多才多艺的化学大师。然而，我们只是研究了全球 2000 多种萤火虫中很小的一部分，还不到 0.5%！这些来自大自然的极具创造力的化学大师创造出了大量对人类健康不可或缺的产品——抗生素、心脏病药、止痛药、抗癌药物。谁又能知道萤火虫的药典里蕴藏着多少宝贵的化学宝藏等待着我们去发掘呢？然而，我们找到宝藏的机会现在正在快速消失。

第八章

* * *

为萤火虫熄灯？

似乎总是得等到失去的时候，
才知道曾经拥有的珍贵。
他们铲平了乐土，
建了一座停车场。

——琼尼·米歇尔

暗淡的夏日

当人类占据了地球，完整的生态系统就消失了，因此，一两个物种的灭绝似乎并不太重要。每一个物种的消亡代表着生命这个沙袋上被扎破的一个小洞。然而，某些物种的离开留下的是一个无法填补的窟窿。如果萤火虫从地球上消失，那么大自然的魔力将明显减弱，我们的生活质量也会降低。当然，这一切不会同时发生。这更像是屋子里的蜡烛一支接一支地熄灭，第一束光芒消失时你也许不会觉察，到最后你才会发现自己身处黑暗之中。

当我提到我的工作时，别人问得最多的是："为什么所有的萤火虫都消失了？"诚然，萤火虫的光景时好时坏，这取决于当地的具体情况。不过，大多数人都认为现在的萤火虫数量比他们童年时少。佛罗里达州马尔伯里市的一位萤火虫观察者在电子邮件中说，她"小时候身边全是萤火虫，而现在已经有好几年没有见过它们的踪迹了"。来自得克萨斯州休斯敦附近的一位萤火虫爱好者写道，她小时候"萤火虫随处可见，但是很遗憾，现在它们都消失了"。佛罗里达州的一位农场主注意到，"过去萤火虫遍地都是，但是现在你要能看到三四只，那就是真的幸运了"。萤火虫专家吉姆·劳埃德也发现近几十年佛罗里达州的萤火虫数量呈下降趋势，其他地方也是如此。无论走到美国的什么地方，他都注意到"不像原来那样一转角就能瞥见它们了"。世界各地的人们也表达了类似的担忧。2008 年，曼谷南部潮汐河沿岸的一名从小就和同步萤火虫生活在一起的船夫估计，"过去三年里，萤火虫的数量减少了 70%"。他遗憾地说："我觉得我们的行为准则已经崩坏。"

怀疑论者也许会认为这只是一种假象。会不会是人类生活方式改变了而不是萤火虫数量减少了呢？我们中的一些人从小在郊区或乡野长大，喜欢追逐萤火虫，而现在则搬到了城市居住。空调的发明意味着越来越少的人会选择在夏夜里坐在门廊上吹着凉风喝着冷饮。随着科技的进步，我们的眼睛被电脑、电子游戏、手机所吸引——我们更愿意盯着这些无处不在的屏幕，而不愿抬头看一眼草地或者夜色下的森林。

然而，在过去的一个世纪里，萤火虫数量的急剧下降在日本得到了相当全面的记录。虽然大多数国家没有长期记录萤火虫数据，但是很多严谨的博物学家和细心的普通人也相信萤火虫的数量正在减少。很多证据虽然是逸闻趣事，但是屡次出现也表明世界各地的萤火虫正在消失。到底发生了什么？虽然我们还不确定，但可能导致萤火虫数量减少的几大罪魁祸首包括栖息地丧失、光污染和商业抓捕。

不断消失的乐土

2010 年，全球萤火虫专家共同拟订了一份《雪兰莪萤火虫保护宣言》，将栖息地保护列为保护萤火虫种群的第一要务。对萤火虫来说，适合的栖息地是什么样的呢？萤火虫喜欢生活在原生态的草地、森林、沼泽和溪流沿岸，它们的生命周期很复杂，大多数萤火虫在生命的各个阶段都需要潮湿的环境。在干燥的环境里，无论是虫卵、幼虫还是成虫，都会很快死亡。雌萤需要潮湿的环境产卵，需要几个星期孵出幼虫。大多数萤火虫的幼虫会有几个月到两年的时间在地表生活。在这段时间里，它们像蛆一样在地下生活，在土壤里翻寻食物。显然，它们还无法爬到很远的地方。从变成不会移动的虫茧，到最终成为成虫破茧而出之前，它们一直生活在地下。结果是，一只成年萤火虫破土而出的地方离它最初作为卵待的地方也许只有几米。

即使成为成虫，刚开始的几个星期萤火虫也不会飞很远。与其他昆虫（如蜻蜓）相比，大多数萤火虫的飞行能力较弱。虽然雄性萤火虫每天晚上都会不停扇动翅膀寻找雌性的踪影，但它们总是在附近转悠。雌性大多数时间根本不会飞。如果是没有翅膀的雌性 Glow-worm 萤火虫，成虫在整个生命周期里只会移动几米。

好消息是：在环境不变的情况下，不好动的生活习性有助于萤火虫数量始终维持在一个既定的水平。坏消息是：当萤火虫的生存条件变得很恶劣时，它们不能拍拍屁股潇洒走人。一旦它们的栖息地遭到破坏，它们的生命也就走到了尽头。如果一个正在繁衍的种群受到干扰，萤火虫不太可能迁移到其他地方。一旦这一种群的萤火虫消失，我们就会说萤火虫在当地灭绝了。

因此，萤火虫消失的首要原因是它们生活的自然区域——草地、林地和沼泽——的持续减少。在美国，萤火虫的栖息地经常被不断开发的住宅和商业用地占领。随着郊区的扩张，房屋、停车场、购物中心取代了萤火虫栖息的草地和森林。我们不需要土地使用地图就能知道这一切正在发生，因为它们就在我们身边。考虑到大部分萤火虫迁移扩散的能力非常差，对栖息地的破坏会使萤火虫的数量减少也就很容易理解了。对于得克萨斯州休斯敦居民关于萤火虫数量减少的埋怨，萤火虫专家吉姆·劳埃德很不客气地回应："在萤火虫生活的草地上破土动工建造这座城市之前，你们其实是能看见它们的。"根据近 50 年的经验，劳埃德还将佛罗里达州盖恩斯维尔地区许多萤火虫物种的消失归咎于自然栖息地的丧失。1966 年他第一次来到这里看到的十几种萤火虫已经在 20 世纪 90 年代末彻底消失了。呈指数增长的住宅和商业已经摧毁了大部分湿地，这些湿地是萤火虫的主要栖息地。不断增长的用水需求和农业活动降低了地下水位，致使萤火虫赖以生存的沼泽、溪流和湿地干涸。

其他地方的萤火虫同样很脆弱。我最喜欢的一种萤火虫是 Photinus marginellus。这是一种很小但很吸引人的萤火虫，傍晚就出来活动，在膝盖高度求偶飞行，非常便于人类观察。多年来，我们研究了波士顿郊外的一个种群，它们只生活在一小片樱桃树林里。值得注意的是，它们从卵、成虫再回到卵的整个生命周期，似乎都在这些树下进行。它们应该感到幸运，因为它们选择的栖息地是不会被征用开发的保护用地，这意味着它们可以无后顾之忧地一直繁衍下去。

然而，当土壤在建设与景观美化过程中被推平、挪动和替换后，即使看上去像个适合的栖息地，也可能不会出现萤火虫的身影。几年前，我去特拉华州一个新建的高尔夫球场参加一对新人的婚礼。令我兴奋的是，这场婚礼的举办地还是北斗七星萤火虫的栖息地。我满怀期待地带上了头灯和捕虫网。我们来到高尔夫球场，发现球场周围是大片美丽的草地，对于喜欢草坪的萤火虫来说，这里是理想的栖息地。因此，满怀期待的我在黄昏时分便和几个年轻的堂兄弟从婚礼现场溜了出来。然而，那天晚上我们连一只萤火虫都没见着。两年的施工建造将原来的土壤挖走，运来新的土壤填埋，破坏了土壤平衡，导致萤火虫无法生存下来。这种大规模的景观美化活动不仅会直接影响萤火虫幼虫，还会杀死它们的猎物——蚯蚓、蜗牛和其他昆虫。杀虫药的使用则是另一个原因，修剪过的景观往往依赖于大量使用这类化学物质。如果特拉华州这个高尔夫球场的萤火虫的消失仅仅是施工活动造成的，那我们还是可以期盼最终会有萤火虫在这个新的栖息地定居下来。

萤火虫栖息地的丧失不仅发生在美国，全世界都存在这个问题。在泰国和马来西亚，群居生活的曲翅萤是公认的国宝。这两个东南亚国家的旅游业依靠曲翅萤的夜间求偶表演得到了迅速发展。

夜幕降临后，位于瓜拉雪兰莪的关丹村这个河边小村庄就摇身一变成为热闹的旅游胜地。沿着马来西亚半岛西海岸附近的雪兰莪河，游客乘坐当地的舢板船在潮汐水道中缓慢滑行。他们是来观看同步萤火虫曲翅萤的表演。夕阳西下，雄性萤火虫爬到红树林树叶上，一开始毫无规律地发出光亮，慢慢开始同步，闪光的倒影烁烁地反射在黑暗的水面上。直到 20 世纪 70 年代，当地村民和一些好奇的科学家才知道关丹村萤火虫的数量。如今，每年有5万多名游客前来欣赏一年一度的圣诞树灯光秀。萤火虫生态旅游为当地的经济作出了重要贡献，否则村民只能依靠小规模的农业和渔业为生。

沿雪兰莪河河口绵延10公里，是萤火虫的最佳栖息地，周围为平坦的滨海平原。虽然这些潮汐河流沿岸有许多不同种类的红树林植物，萤火虫却喜欢将海桑木作为求偶和交配的场地。交配后，雌性曲翅萤会飞走，沿着河岸寻找潮湿的土壤产卵。三个星期后，受精卵孵化出幼虫，幼虫在几个月里靠捕食居住在红树林潮湿落叶层中的蜗牛疯狂生长。当进食阶段结束，幼虫会在地上挖个洞原地化蛹，化蛹周期结束后，变态发育完的成虫爬出茧壳，飞到河流沿岸的树上与同伴一起上演一场光影之秀。

曾经，雪兰莪河沿岸长满了红树林。现在，这片原始森林的大片区域已被砍伐，取而代之的是油棕种植园（见图8.1）。棕榈油如今已成为全球市场上一种利润丰厚的商品，马来西亚是这一热门植物油的主要生产国之一。红树林面临的另一个威胁

图 8.1　马来西亚雪兰莪河沿岸萤火虫栖息地被摧毁，树木被砍伐，开发的土地用于种植油棕和香蕉。（劳伦斯·柯顿　摄）

是虾类养殖场，这些养殖场是通过清理河岸的大片土地来建造的。

随着这些活动的蔓延，适合萤火虫的栖息地缩小了。红树林的砍伐和开发导致马来西亚聚集性萤火虫很难在两大特有的生命阶段存活下来。第一个阶段是幼虫阶段：它们的栖息地正在遭到破坏，它们的食物蜗牛也正在消失不见。另一个阶段是成虫阶段：它们求偶和交配的场地——红树林正在被摧毁。2008 年和 2010 年，在林茂 - 林吉河口 9 公里长的河段进行的调查显示，河岸红树林的破坏，使同步萤火虫的展示树数量从 122 棵减少到 57 棵，在短短两年里急剧下降。

虽然亲近自然是一种值得称赞的消遣方式，但是旅游业本身也会对萤火虫种群造成负面影响。马来西亚和泰国的萤火虫旅游业迅速发展，导致商业开放混乱，萤火虫栖息的河流沿岸被过度开发。为游客提供服务的新度假村和餐厅如雨后春笋般冒出来，占领了萤火虫的栖息地。这些场所通常在夜间使用明亮的室外照明，这可能会干扰萤火虫的交配仪式。在短短 6 年时间里，泰国夜功府的一个旅游景点的萤火虫观赏船只从原有的 7 艘飙升到了 180 艘。随着旅游业的蓬勃发展，柴油动力游船带来了水污染和河岸侵蚀等问题。据报道，一些居住在河岸的居民抱怨晚上被观赏船只的噪声干扰，因此砍掉了房子周围的萤火虫展示树。另一个问题是，一些导游和船夫对萤火虫的生命周期或者栖息地的要求并不了解。为了娱乐游客，船夫有时会直接把船往树上撞，导致树上的萤火虫被震到水里。他们还用聚光灯照射萤火虫展示树，或者向游客展示抓到的萤火虫。显然，这些滑稽的行为扰乱了萤火虫的求偶和交配活动。

黄仕儒是马来西亚自然协会的资深保育员，高高瘦瘦，是一名运动健将，脸上总是挂着和蔼的笑容，举止谦逊。他也是马来西亚萤火虫方面的专家。自 2003 年以来，黄仕儒一直致力于提高公众对萤火虫生态和保护需求的认识。他还积极牵头，努力让当地社会团体加入萤火虫保护事业，保护萤火虫脆弱的栖息地。马来西亚自然协会希望通过找到最佳方案，向当地村民宣传保护指南来发展可持续的萤火虫旅游业。黄仕儒指出，该项目会教育村民坚守观看萤火虫的道德标准，也为他们提供一种谋生手段，让他们对这片地方有归属感。在泰国夜功府和其他地方，环境教育工作者张贴告示牌，并向当地居民、导游和船务人员派发小册子，普及萤火虫常识。今后，这种以社区为基础的旅游业将会成为平衡经济发展和环境退化的关键。为了确保子孙后代能体验自然世界的奇观，我们希望更多的利益相关者能加入到聚集性萤火虫的管理者行列。

淹没在灯光里

瑞士的小村庄比伯斯坦是大萤火虫——一种常见的欧洲萤火虫的家。与世界其他地方的村庄、城镇和城市一样，这里也有路灯。斯蒂芬·伊内钦是一位教育家和萤火虫爱好者，他决定研究这些人造光是如何影响比伯斯坦的萤火虫的。当他们绘制出无翅的雌性萤火虫的出现位置时，他们发现路灯产生的明亮光圈不会影响雌性萤火虫选择在哪里上演吸引雄性的发光表演，却会影响雄性外出寻找雌性。不发光、

图 8.2　光污染会给萤火虫带来负面影响，因为它会干扰萤火虫寻找配偶时发出的光信号。（照片由 NASA 提供）

会飞的雄性萤火虫只在远离光亮的黑暗场所找寻雌性。结果是，所有在路灯旁发出亮光希望吸引雄性前来的雌性可能最终一个雄性都等不到。因此，比伯斯坦和其他欧洲城市的路灯可能无意中在萤火虫的繁衍蓝图上炸出了一个个洞——就像瑞士奶酪中的洞一样。

在过去的两百年里，人类凭借自己的聪明才智战胜了黑暗。夜晚，人造光点亮了城市的街道和马路，人们可以在室外运动，兜售商品，停车场和建筑物周围的安全性得以提升，花园里的园景树被映照得光彩艳丽。卫星图片显示，路灯犹如一条条触手，随着道路蜿蜒进入荒野。

当然，夜间的人工照明通常是有益的，但是光污染会带来问题。人造光源常常会产生散射光，照射到不需要照射的地方。据国际暗天协会估计，在美国，30% 的户外照明都是射向天空的，这对我们毫无益处。不科学的照明设计无处不在。这些照明侵蚀了黑夜，改变了地球上的自然光循环。在 20 世纪 60 年代，天文学家首次敲响了光污染的警钟，对光污染严重妨碍了我们观赏夜空的壮丽景象感到惊愕。

生态学家也有理由担心光污染。人工照明扰乱了所有夜行生物——包括鸟类、乌龟、青蛙和昆虫——的自然行为。光污染有可能给萤火虫带来毁灭性的影响，因为萤火虫发出的生物荧光交配信号很容易淹没在人造光源中。射入萤火虫栖息地的灯光会干扰雌萤和雄萤锁定彼此的信号。低信噪比[1]也许可以解释，正如瑞士萤火虫研究表明的那样，雄性萤火虫倾向于避免在光亮的地方寻找配偶的原因。同样地，对于 Photinus collustrans，一种佛罗里达萤火虫来说，放置在明亮的室外灯光附近的雌性诱饵对雄性的吸引力不如放置在较暗地点的诱饵。人造光甚至可能会阻碍它们求偶，因为雄性萤火虫喜欢以黄昏时的自然光作为开启求偶之旅的重要线索。在实验室环境下，人造光干扰了泰国萤火虫的求偶过程，降低了它们的交配成功率。

通过影响萤火虫的繁殖成功率，光污染使萤火虫种群面临危险。田纳西州的博物学家和萤火虫爱好者琳恩·福斯特用了二十几年的时间在诺克斯维尔外 40 英亩的农场里密切地观察十几种不同种类的萤火虫。当隔壁盖了一幢新房子——带有 32 盏

---

[1]信噪比：科学和工程中所用的一种度量，其定义为信号功率和噪声功率的比率。

户外泛光灯的麦氏豪宅——之后，福斯特注意到一种当地常见的萤火虫不见了，再也没有出现过。"为什么他们家需要这么多灯？"福斯特疑惑不解。从那以后，她组织了一个社区活动，呼吁减少多余的光源，以免射到邻居家的院子或者家里，造成光入侵。

在相当短的时间里，人类科技完全改变了黑夜：自然的黑暗现在已经从地球表面的大部分地方消失了。这些杂散光蒙蔽了我们的双眼，使我们无法欣赏黑夜的美，也无法观赏萤火虫。我发现自己如此沉迷于人造光，以至于我需要下很大的决心才能在不带手电筒的情况下走在夜色下的森林小道上。一旦适应了黑夜，双眼就能看到许多发光的东西！突然，我看见萤火虫幼虫拖曳着发光的身体在地上缓慢爬行，有时数百只萤火虫聚集在一起。这儿是一只萤火虫蛹慵懒地躺在地上，全身发光。那儿是一只癞蛤蟆一边跳一边发光——它是刚吞下一只萤火虫？

当我们为了满足自己的需求，选择照亮这个世界时，我们应该记住，这是以牺牲其他生物为代价的。如果我们希望身边出现更多的萤火虫，我们就应该让黑暗回归。本章最后将会介绍如何通过更科学的照明来实现这一目的。

萤火虫赏金计划

赏金猎人也有可能是萤火虫数量减少的一大原因。近 50 年里，大量美国野生萤火虫被捕捉用于提取产生光亮的酶——荧光素酶。荧光素酶不仅能帮助萤火虫自己与同伴沟通交流，还被证实能对人类产生完全不同的功效。

荧光素酶存在于萤火虫腹部。正如第六章所述，荧光素酶起到中介的作用，激发化学反应，控制三磷酸腺苷分子（或称为 ATP）中储备的能量来释放光亮。所有生物——小到细菌、黏液菌，大到萤火虫和人类——都有 ATP，ATP 作为一种化学的使者，可以传递细胞内部和周边的能量。只要你活着，你的体内就有 ATP。20 世纪 50 年代末，美国约翰·霍普金斯大学的生物化学家威廉·麦克尔罗伊最早发现了萤火虫之光的能量来源是 ATP。人们发现，只有当 ATP 存在时，荧光素酶才会发出光亮。这意味着荧光素酶可以被用来证明具体的细胞是否处于存活状态。这一发现直接推动了荧光素酶在医学研究和食物安全检测方面的许多实际用途。既然荧光素酶的唯一来源是活着的萤火虫，那么捕捉萤火虫在夏日成了一项流行的娱乐活动。有一小批天真的小孩跑到户外靠捉萤火虫来赚钱。靠屠杀萤火虫来发现其他的生命迹象听上去确实很讽刺，但是这确实发生着。

　　大规模的萤火虫采集行为始于 1947 年，当时麦克尔罗伊位于巴尔的摩的实验室试图解开萤火虫生物荧光背后的秘密。实验室通过碾碎无数只萤火虫的腹部来提取所需的荧光素酶。最初，科学家们自己动手捕捉身边能找到的萤火虫。后来实验的需求量超过了现有萤火虫的供给能力，所以他们在当地报纸上发布招聘广告，招募当地的小孩去抓萤火虫，每上交 100 只萤火虫可获得 25 美分。第一年，他们收到了 4 万只萤火虫。到了 20 世纪 60 年代，实验室每年花钱雇佣小孩给他们供应 50 万至 100 万只萤火虫。随后当地报纸报道："对萤火虫来说，在巴尔的摩生活，成了一件难得的事情。"麦克尔罗伊知道萤火虫的自然发展史，他告诉他的童子军小分队主要去抓那些雄性萤火虫，所以大多数情况下，雌性萤火虫在地面上是很安全的。麦克尔罗伊辩解道，雌性萤火虫还是能有机会找到伴侣交配生子的，为科学事业献身的萤火虫采集行为不会对萤火虫的数量产生太大的影响。在巴尔的摩附近被抓到的大多是易于识别的北斗七星萤火虫，这种萤火虫从过去到现在都维持着一个相对较多的数量水平。

　　麦克尔罗伊的萤火虫采集行为和之后发生的相比确实是微不足道的。基于有 ATP 存在条件下荧光素酶会发光这一发现，荧光素酶被快速应用于新的实际用途。不久之后，密苏里州圣路易斯的西格玛化学公司开始销售荧光素酶。他们使用冷冻干燥法解剖活体萤火虫腹部，从中提取荧光素酶。1960 年夏天，公司推出名为西格玛萤火虫科学家俱乐部的项目，最终从全国范围内征集萤火虫采集者去捕捉上百万只野生萤火虫。每年夏天，公司会在全美各大报纸上刊登广告，宣称急需萤火虫用于医学研究（见图 8.3）。这个俱乐部据说"面向所有人群，包括童子军、教会组织、四健会和个人"。头一百只活的萤火虫，西格玛化学公司会提供 50 美分的赏金；数

图 8.3　西格玛化学公司于 1979 年 6 月 11 日刊登在报纸上的关于招募萤火虫赏金猎手的广告。

量累计超过 2 万只后每只增加至 1 美分；如果超过 20 万只，还可以获得 20 美元的奖金。

很多善良的家长、小孩和社区团体会被公司宣传的"上交的萤火虫是用于诊断人类疾病，探寻其他星球的生命，抵抗空气污染、食品污染和水污染"所迷惑。经过多年的发展，萤火虫科学家俱乐部成了一个大型的萤火虫采集网络，有来自美国 25 个州的成千上万名会员，主要集中在中西部和东部地区。

伊利诺伊州和艾奥瓦州的萤火虫采集者是全美萤火虫采集数量最多的。一名来自艾奥瓦州的昵称"萤火虫小姐"的女士几十年来一直向西格玛化学公司出售捕捉的萤火虫，每年都超过 100 万只。部分萤火虫是她自己驾驶敞篷小皮卡拖曳捕虫网捕捉到的，但她主要是从当地线下的 420 名捕手中回收萤火虫，然后打包运输。同时还有一位萤火虫采集者用萤火虫来换取一种不同的夏日消遣：她用出售萤火虫获得的钱建造了一个社区公用泳池。

所以，怀着"赚点零花钱，同时为科学事业贡献力量"的想法，萤火虫科学家俱乐部成员捕捉了大量的活体萤火虫，将它们装瓶运输到西格玛化学公司。大概有多少只呢？在 1976 年的活动当中，西格玛化学公司宣称收到了 370 万只萤火虫，1980 年收到了 320 万只。虽然这种商业采集行为的真实数据我们无法得知，但是以每年 300 万只萤火虫的保守估计来看，30 年下来粗略一算就有 9000 万只萤火虫。这是一个庞大的数字。

这些萤火虫最终命运如何？西格玛化学公司（后来成为西格玛奥德里奇化学公司）将这些小虫子进行加工处理，制成荧光素酶产品用于 ATP 实验。研究人员、政府组织、实验室购买这种产品。公司官网和宣传目录上依旧挂着种类繁多的以萤火虫为原料的产品介绍，包括（2013 年的价格）：整只萤火虫标本（5 g 标价 79 美元），萤火虫腹部标本（15 g 标价 1245 美元），萤火虫腹部提取液（50 mg 标价 183 美元），提纯的荧光素酶（1 mg 标价 186 美元）。毫无疑问，萤火虫科学家俱乐部帮助西格玛奥德里奇化学公司大赚了一笔。该公司现在已经成为全球最大的生化制品供应商之一，2007 年全球销售额超过了 20 亿美元。

20 世纪 90 年代中期，俱乐部宣布停止收纳新成员，并且终止了萤火虫捕捉活动。我希望其中部分原因是由于我在 1993 年接受《华尔街日报》采访时指出，西格玛化学公司大规模收购活体萤火虫对萤火虫数量造成了负面影响。我还指出，现代科学技术的进步已经不需要我们再去野外收集活体萤火虫做实验了。1978 年，科学家已经研究出如何从北斗七星萤火虫的 DNA 序列中剥离和鉴定负责产生荧光素酶的基因。一旦人们发现荧光素酶的基因蓝图，科学家就可以不用伤害一只萤火虫，人工合成荧光素酶。利用 DNA 重组技术，荧光素酶基因可以被植入无害细菌，该细菌的蛋白质聚集机理能批量生产大量的荧光素酶。这种人工荧光素酶早在 1985 年就已经问世，造价比活体低，提炼更可靠。这说明了捕捉野生萤火虫已经失去了意义。但是 2014 年夏天，位于田纳西州橡树岭的一项萤火虫计划又开始从野外大量捕捉萤火虫。活动方又开始在当地报纸上刊登采集者招募广告，单从田纳西一州就捕捉到超过 4 万只萤火虫，发出奖励 665 美元。

作为一个生态学者，我很清楚，如此大规模的捕捉行为若继续下去，很明显会造成当地部分萤火虫的灭绝。我猜想，西格玛化学公司的采集者将萤火虫当成了一种取之不尽用之不竭的自然资源——正如现在已经灭绝的候鸽。更糟的是，这些捕捉者既没有能力也没有动力去辨别两种不同的萤火虫种类，在他们眼中，无论哪一种都能让他们拿到钱。西格玛化学公司对外宣称其萤火虫标本和荧光素酶是来自北斗七星萤火虫。的确，麦克尔罗伊的队伍在巴尔的摩附近捉到的是这类萤火虫。但是，只要是夜间发光的东西，捕捉者们都会当成萤火虫一并抓回来，所以网子里也有很多不同种类的萤火虫。西格玛化学公司不会分辨哪些是常见种类，哪些是稀有种类，虽然西格玛化学公司的一个代表注意到他们收到的萤火虫中有些"体型大而活泼"（有可能属于女巫萤），有些则"安静不活跃"（有可能包含了 Photinus 属萤火虫，以及 Pyractomena 属萤火虫）。下一节我们会讲如何简单区分不同种类的萤火虫，但是西格玛化学公司没有作任何区分就将收到的所有萤火虫统一作了处理。

这种赏金行动对美国的萤火虫数量有何影响？本章前面已经说过，萤火虫不善于搬迁至新的居住地，会一直生活在一个地方。如果将数以千计的萤火虫迁移到新的地方，采集者无疑会使当地雄性萤火虫的数量减少，导致雌性萤火虫找不到伴侣交配。产卵减少，幼虫减少。在同一个地方每年重复进行捕捉行为，会造成萤火虫数量的持续下滑。有可能一些普遍存在的萤火虫种类得以幸存下来，而许多数量稀少的品种则惨遭灭绝。萤火虫采集达到何种水平可实现可持续？为了回答这个问题，我和同事使用电脑模型，将某种萤火虫总数设为一个虚拟值，提供不同程度的采集条件。虽然我们应该使用生物和数学假设，但是结果显示，如果每年采集的雄性成年萤火虫数量占总数的 10% 以上，Photinus 属萤火虫在 15 ～ 50 年内将会面临种族灭绝的危险。

过度捕捉还给世界其他地方的萤火虫带来了风险。在本章末尾，我们会讲到 19 世纪时出于审美目的而发展出来的商业捕捉行为杀死了深受日本人喜爱的部分萤火虫。

其他危害

萤火虫还面临着其他可能导致其数量下降的危害，其中包括杀虫药。世界上很多地方的土壤和水源都受到高浓度杀虫剂的污染。在美国，郊区的草坪和花园每英亩的农药施用量比农业用地高出整整三倍。很多草坪常用的杀虫剂大多是广谱杀虫剂，这意味着任何接触过的昆虫都会被杀死。这些杀虫剂不会区分害虫和益虫，前者如日本丽金龟，后者如萤火虫。要记住的是，萤火虫在卵子和幼虫阶段的大部分时间是在地下度过的，因而很有可能接触到杀虫剂。萤火虫成虫白天在植物上休息时，也有可能接触到残留在叶子上的杀虫剂。

令人惊讶的是，很少有科学研究直接调查杀虫剂对萤火虫的影响。2008 年的一项韩国实验测试了常见的杀虫剂，以了解其是否会伤害水栖萤火虫（现更名为平家萤）。实验表明，几乎所有市面上常见的杀虫剂在生产商推荐的浓度下使用时都有很大的毒性：对受精卵、幼虫甚至成虫的致死率高达 100%。同时，杀虫剂还会间接危及萤火虫幼虫，因为它们毒死了幼虫的食物——蜗牛和蚯蚓。例如，Weed & Feed 产品中含有的人造杀虫剂 2,4-D 显示对蚯蚓和瓢虫等甲虫具有毒性。日本科学家认为日本水稻田里普遍使用农药已经导致萤火虫数量的减少。因此，不加区分地在草坪和花园中使用杀虫剂有可能会对萤火虫产生负面影响。

我们还不知道气候变化会对萤火虫产生什么影响。气温上升会导致温带地区的昆虫快速发育，同时提升其越冬存活率。很多昆虫的季节性活动期会延长。气温升高、生长期延长也许会使一些昆虫每年能抚育更多的后代。如果其中有萤火虫，对我们来说是个好消息；如果有蚊子或者其他害虫，就是个坏消息了。

和其他季节性生物一样，温度决定了萤火虫出场的时机。气候变化已经导致许多基于温度作为诱因的自然事件发生了改变，如日本的樱花开花时间提前，鸟类从越冬栖息地回迁的时间提前，青蛙交配的时间提前。同样的事情似乎也发生在萤火虫身上。20 年来，福斯特一直跟踪记录美国大雾山同步萤火虫 Photinus carolinus 初次出现的日期和最密集的日期。福斯特发现，现在萤火虫密集出现的日期相比 20 年前提前了大约 10 天。

气温升高还导致萤火虫的地理分布范围朝高纬度地区移动，但是总体来说很多萤火虫种类的分布范围是有所缩减的，因为原先栖息地的南部将变得不再适宜生存。随着降雨格局的改变，萤火虫的生存环境干枯，无法存活。对于未来，毫无疑问萤火虫会迎来一个完全不同的世界，正如我们人类一样。

萤火虫，来吧！

20 年前我初次造访日本时，就被日本人对昆虫深深的爱震惊了。从蹒跚学步的婴儿、高中生到老人，他们都被虫子给迷住了。其他地方对昆虫的态度是惧怕的，但在日本文化中，人们对昆虫是热爱的。日本小孩很小的时候就开始和家人一起在野外捕捉昆虫，刚学会走路的小孩就会准确分辨出很多昆虫。活甲虫是很多人喜欢收集的宠物，人们可以在大型商场或者路边售卖机器中购买。

虽然全世界的人都喜欢萤火虫，但是萤火虫在日本文化中占有特殊地位。在日本诗歌、艺术和神话中，它们被歌颂了 1000 多年。20 世纪，生存环境质量下降和过度捕捉导致日本萤火虫濒临灭绝，这对日本人来说是一件异常心痛的事。但是通过人们的不懈努力，重塑萤火虫生存环境，重新引进新品种，成功地将一个可预见的悲伤结局改写成了环境保护获得巨大成功的结局。

日本有 50 种不同种类的萤火虫，其中有两种深受人们的喜爱。大一点的叫源氏萤（Luciola cruciata），它们喜欢居住在河边和水流湍急的小溪边。小一点的是平家萤（Aquatica lateralis），居住在水稻田和静水区域。这两种萤火虫都与水生栖息地密切相关，因为它们在整个幼虫阶段都生活在水下。雌性萤火虫在溪流附近的苔藓上产卵，幼虫破壳而出后就爬回水中，接下来几个月都靠食用淡水螺类为生。直到准备开始化蛹，它们才会爬回陆地，在河流沿岸苔藓覆盖的土壤中化蛹。其耀眼的亮光的出现，标志着夏日的开始。当萤火虫数量变多，有时候它们会一起发光，在水面上安静地闪耀着缓慢的光之舞。

曾经，萤火虫在日本随处可见，特别是水生萤火虫，日本许多山脉、河流、小溪、沼泽和灌溉稻田为它们的生存提供了几乎完美的居住条件。在日本江户时代（1603—1867），捕捉萤火虫是一项非常流行的夏日活动。很多漂亮的木版画与其他画作上都绘有小孩和成人拿着扇子、虫网及竹制的笼子追逐捕捉萤火虫。日本贵族精心举办捕萤聚会作为一种消遣方式。哪怕是最贫穷的农民，也可以免费享受到这种乐趣。直到明治时期 (1868—1912)，捕捉萤火虫仍很流行，当时，在没有月亮的夏夜，全国各地的孩子们都跑出来找寻萤火虫的身影。为了吸引那些发光的小东西，孩子们一边找寻一边唱着《来吧，萤火虫！》。每个地区有些许不同，其中有个版本是这样的：

> 萤火虫，来这里！这里有水喝！
> 那边的水是苦的；这里的水是甜的！
> 萤火虫，飞过来！飞到甘甜的水边来！

在萤火虫季节，游客会蜂拥前往著名的萤火虫聚集地。日本宇治市是有名的茶叶种植地，但是在 20 世纪初，宇治市还以萤火虫而闻名全国。每年夏天，成千上万的游客搭乘从京都或大阪出发的特殊列车抵达宇治。6 月是萤火虫发光的高峰期，人们乘坐赏萤夜游船，在船上一边欣赏萤火虫，一边吃着晚餐。1902 年，日本著名作家和日本文学译者小泉八云用文字描述了这一夏日盛景：

> 小溪从山间蜿蜒而下，两旁覆盖着植物；无数只萤火虫从两岸飞驰而来，在水面上相会。有时，它们紧紧聚集在一起，看上去就像一团发着荧光的云朵，或者一个巨大的闪光球。很快，云散开，球坠落，萤火虫坠向河面，闪着光散开离场。

夜晚临近尾声，"依旧有发着光的萤火虫闪过宇治，仿佛天空中的银河"，他继续写道。但是这些闪着光的萤火虫很快就会像烟雾一样散去、消失。

在之后的几十年里，原本作为消遣的捕萤活动变成了一种营利手段。虽然怀着对自然界的爱意，但是日本人在利用自然资源上并不会心软。萤火虫都出来了，活捉它们又能赚到大钱。捕萤小店占据着街头的黄金地段，每一家都招募了数十个捕萤猎人。从 5 月到 9 月，这些人晚出早归，整夜捕捉活着的萤火虫。技巧娴熟的猎人一晚可以捕捉 3000 多只。早晨，萤火虫被装进木质笼子，里面铺着湿润的草，然后通过快递送给大阪、京都和东京的客户：酒店业主、餐馆老板、普通市民。到达目的地后，闪着光亮的萤火虫被放在酒店花园和餐馆庭院供顾客观赏。

　　毫无疑问，城里人对萤火虫极度热爱，是其忠实的观众。但是大量的萤火虫被人们从其原有的居住地驱逐出境——这些珍贵的昆虫因爱而死！捕捉萤火虫有可能加速了萤火虫的消失，小泉八云记载道：

　　一旦树上光亮的闪烁密度合适，萤火虫猎人便将网子准备好，靠近最近的一棵树，用长竿击打树枝。萤火虫受到震动的冲击……无助地掉落在地……在恐惧或者痛苦的时刻，它们体内会发出更加明亮的光，这使它们更加显眼……所以，萤火虫猎人一般工作到凌晨两点……那个时候萤火虫开始离开树枝，回到湿润的土壤上。有人说萤火虫会将尾巴藏在地里，这样就不会被发现。但是现在赏金猎人们改变了策略。他们用竹扫帚快速地轻轻拨开草皮表面，只要被扫帚扫到或者吓到，萤火虫就会发光，很快它们就会被猎人捏住装进袋子里。在黎明来临前，这些猎人会回到城镇。

　　虽然萤火虫的性别很容易被人们忽视，但是雌性源氏萤一般会在午夜降临后聚在一起来到满是苔藓的河岸产卵。从凌晨两点到黎明前这段时间，猎人们最有可能捕捉到的是这些"将尾巴藏起来"产卵的雌性源氏萤。将产卵的雌性作为捕捉对象，这种捕捉方式将萤火虫复兴的唯一机会给浇灭了。

　　直到1940年，日本人才开始意识到全国各地的萤火虫正在消失。很多因素——不仅仅是商业捕捉——导致了萤火虫大面积减少。其中一个问题就是日本工业和城市化的快速发展带来的河流污染。工业废水、农田灌溉和生活污水排到河流里，影响了水质。河流污染降低了水生萤火虫幼虫及其食物——蜗牛的生存率。另一个问题是政府出资的河道渠化工程，为了预防洪水而建造的水泥堤坝破坏了长满青苔的河岸，原本雌性萤火虫喜欢在这里产卵，幼虫喜欢在这里化蛹。

　　然而，对活体萤火虫的需求仍然存在，所以萤火虫商店决定尝试人工孵育萤火虫。通过仔细观察萤火虫的每个生命阶段，饲养员尝试了无数次，只为了找到在室内饲养源氏萤和平家萤的方法。幸运的是，水生萤火虫幼虫比陆生萤火虫幼虫更容易进行室内人工养殖。为了找到最利于萤火虫生存的环境，饲养员要找出食肉的萤火虫幼虫最喜欢的蜗牛种类，以及雌性萤火虫最喜欢在哪种苔藓上产卵。20世纪50年代中期，很多室内饲养机构建成，这些机构提供用于出售的萤火虫和放生回到溪流的萤火虫。在人工饲养萤火虫的过程中，人们还发现了很多之前未知的日本萤火虫生态和生命周期细节。虽然迄今为止只成功地人工孵育出水生萤火虫幼虫，但科学家们已经研究出了培育其他几种亚洲萤火虫的方法。今天，日本还可以在线订购人工繁殖的萤火虫。

阿部则夫博士在板桥区一栋毫不起眼的低矮建筑里开了一家东京萤火虫育种研究所。阿部家族世代专注于酿造清酒和米酒，但到了现代，他专门负责研究育种源氏萤。6月的一天，我初次拜访，阿部则夫在研究所门口笑脸相迎。彼此问候后，阿部则夫带我进屋去观赏他的萤火虫魔法。在一个满是淡水水族箱的屋子里，装着萤火虫每个生命阶段可能需要的所有物质。上百只萤火虫幼虫在超大的水箱底部欢快地蠕动。透过水箱玻璃，我能看见幼虫正忙着享受它们最喜欢的蜗牛大餐——川蜷。大一点的萤火虫幼虫被关在另一个水箱里——在充满气体的浅水缸里，有一个泥土浅滩。幼虫随时准备化蛹。阿部则夫向我描述了化蛹阶段的幼虫是如何在湿润的地面上完成变态过程爬出茧壳的。更多会发光的水箱里铺有苔藓——雌性萤火虫特别喜欢在上面产卵。其他水箱放有蜗牛和它们的食物。我们又去了研究所后面一个温暖潮湿的长形温室，里面有树木、灌木和制造迷雾的设备，一条人造小溪从中间急流而过。那个夏末，阿部则夫精心培育的有翅膀雄性萤火虫可以在此自由飞翔、闪光和交配。研究室会对外开放一晚，供市民参观。虽然隔着玻璃幕墙，市民们依旧能享受一次真正的日式赏萤体验。

从20世纪70年代末开始，日本萤火虫数量的急剧下降掀起了全国市区重建萤火虫家园的狂潮。夏日标志物的消失让人们开始采取行动，许多当地社区联合市政工程清理河道，为萤火虫幼虫及其食物蜗牛重塑适合生存的栖息地。建立污水治理厂，颁布条令控制工业和农业污水排放，并重新改造河岸地区，使其更适合萤火虫居住。随着萤火虫栖息的许多河流得到政府保护，大阪和横须贺市等城市建立了萤火虫孵育计划，从卵子开始人工培育萤火虫。成千上万只人工培育的萤火虫幼虫被放生到重新治理的河流中。这些萤火虫修复工作得到了日本各界的大力支持，学生、老人、志愿者都积极参与其中。萤火虫成功地回到人们的身边，并帮助提升了整个日本的环保意识。现在，萤火虫已经成为日本环境保护成功的国家象征。

日本许多城市和乡镇每年都会举办萤火虫观赏大会（萤火祭）。虽然现在的萤火虫数量和过去相比已经大幅度减少——如今3000只萤火虫就算规模大的——一家人、摄影师、年轻情侣还是会欣然前往。6月和7月初，热门城镇举办的大祭为当地经济作出了很大的贡献。大祭庆祝的不仅仅是那静谧无声的萤火虫之光，还有人们为了让这些光影重现所作出的努力。

几年前，我受邀在滋贺县米原市举办的圣萤节上演讲。米原市是日本一大著名观萤胜地。圣萤节每年6月举办，已经连续举办了十几年。天野河被指定为特殊自然遗迹来保护萤火虫及其栖息地（其他一些国家，如马来西亚、中国也建立了萤火虫保护区）。每到萤火虫季节，当地萤火虫保护小组的志愿者会在河流的几个监控点仔细记录天气情况和萤火虫数量。该小组还前往学校给孩子们讲授萤火虫的生物习性、生命周期和保护（见图8.4）。萤火虫节庆吸引了很多游客、小孩子组成的游行队伍、小吃摊主和萤火虫周边小贩。萤火虫节庆期间有严格的交通管制，会有接驳巴士送游客前往萤火虫观赏点，在观赏点，任何捕捉行为都是被明令禁止的。

图8.4　米原市圣萤节上张贴的教育图片，简单介绍了人类婴儿和萤火虫幼虫的饮食和居住环境。

图 8.5　源氏萤停留在河面上，持续发着荧光。（平松常明拍摄的源氏萤图片）

我和同伴在日落后来到大讲堂，大厅悬挂着解释萤火虫的生命周期和行为习惯细节的海报，还附有老照片和学生画的可爱插画。很多当地人——下至 8 岁，上至 88 岁——都前来听我讲述美国萤火虫的知识，演讲后我回答了台下观众的提问。看得出到场观众对日本萤火虫有着深入的了解，并且乐于了解世界其他地方不同种类萤火虫的知识。当天晚上，我们冒着小雨来到户外欣赏萤火虫。穿着印有萤火虫图案的安全背心的当地志愿者带领我们沿着河流一路走。路上，我注意到沿途所有的街灯都安装了灯罩，避免产生杂散光干扰到萤火虫。当我们到达观赏点时，源氏萤悠长的光静静地漂在河面上，犹如绿色的余烬。每个人都想将它们轻握在手中仔细观赏，随后将其放飞空中。

虽然东京已经多年不见萤火虫的踪影，但是在 2012 年夏天出现了一些高科技的替代品。当年，东京萤火虫大祭的主题是"让萤火虫重返东京，市民与自然和谐共存"。十万个太阳能充电的乒乓球被投放到市中心的隅田川。相比真的萤火虫之光，这些乒乓球虽然看起来是拙劣的替代品，但在 2013 年，仍然有将近 28 万人参加了这一盛事。

日本有句谚语：小孩是看着父母的背影长大的。在文化养成上，每一代人都是踩着上一代走过的路。日本人相信人类和自然是不可分割的整体，双方都需要适应快速变化的世界。有些人或许会将这支"萤火虫"船队看成对悲伤过往的铭记。然而，这个新潮的节日还会作为一个闪闪发光的象征，代表着日本文化在当下快速变化的世界里如何与时俱进地调整其对萤火虫的独特亲和力。

＊＊＊

在本书的每一章，我们都听过很多故事，讲述了萤火虫那震撼人心的美是如何从充满创造力的进化史中被创造出来的。然而，我们生活在人类纪这一危险的时代。我们人类遍布地球各个角落，已经从根本上改变了本地和全球的环境。任何跟不上这种变化的生物注定走向灭绝。你能想象一个没有萤火虫的世界吗？我无法想象，想想就会心痛。萤火虫馈赠我们诸多奇迹，一份绝对让你重新爱上大自然的秘方。

所以我们能为它们做些什么？其实有一些非常简单的方法可以让我们居住的环

境更适合萤火虫生存（见下框）。我们还可以保护和重建萤火虫繁衍的野外环境——田野和森林、红树林和草地。通过过去几十年的研究，我们对萤火虫生态学和居住地要求的科学认识不断深化。这些共享的知识现在提供有力的武器用于守卫这些静寂的萤火虫之光。我们都幻想着子孙后代居住的理想世界。当我们思考地球的未来时，我相信我们会找到方法来保护这些大自然奇迹的神奇大使。

如何让我的后院更适合萤火虫生活？

以下几招可以让你家的后院对当地的萤火虫更有吸引力。

创造一个更宜居的栖息地

- 草坪锄草不要太频繁，让草长高一点有助于土壤保持更多的水分。
- 院子里保留一些落叶和木质物残体——那里是萤火虫幼虫梦想的家园。
- 萤火虫需要在潮湿的地方产卵，所以保护附近的湿地、小溪和池塘。

重返黑夜

- 考虑整改或者安装户外照明时，安装所需功率最低的灯泡。
- 使用适合黑夜星空且有灯罩的照明工具，这些向下直射的光最利于安全。按照自己的需求来选择最低的瓦数。
- 无人使用时关闭户外照明，或者安装定时器或感应器。

减少农药的使用

- 避免使用广谱杀虫剂，例如马拉硫磷或者二嗪农。可以用园艺油或者苏力菌等青虫菌代替，它们可以杀死特定的目标害虫。
- 了解农药对健康和环境造成的影响，草坪和花园里使用有机或者毒素最低的农药和产品。
- 只在问题出现时使用农药，不可定期使用。不要使用 Weed & Feed 或类似产品——它们可能看起来很方便，但是它们将杀虫剂用在了错误的时间和地点。

北美常见萤火虫野外指南

每天一抬头，我就可以看到办公室门上出自伟大的自然学家爱德华·威尔逊的名言："神秘不为人所知的生物往往只距离你的座椅几步路，只用等几分钟就能见证一次奇迹。"现在，比起身边的现实世界，我们似乎把更多的时间花在了电子设备上。然而，我们人类天生是亲近生物的——我们无可避免地会被其他生物吸引。所以别老盯着电子屏幕，出门欣赏美丽的夜色吧。

本书前面章节已经提到全世界不同萤火虫种类之间关于享乐、毒药和困境的故事。现在我们来探索萤火虫神秘世界的第一手讯息。"野外指南"主要介绍北美东部常见萤火虫。如果大家想了解其他地区的萤火虫，还有很多优秀指南，我都列在了注释里。夏天，在美国大部分地区都可以轻松发现萤火虫的踪影——你只需要走到后院或者附近的公园。接下来，你将会学习如何辨别不同种类的萤火虫和它们的性别，偷听它们求偶的语言。

本指南涵盖了北美东部地区的五大萤火虫种类，包括三大发光萤火虫（Photinus 属、Photuris 属和 Pyractomena 属）和两大日间活动的不发光的萤火虫（Ellychnia 属和 Lucidota 属）。这是大家常见的五种萤火虫。

要想将它们区分清楚，你必须既要了解其内部结构，又要熟悉其生活习性。虽然这是一本非专业的鉴别手册，但我们还是会使用专业名称，尽管只有几种萤火虫的名称被广泛认可。也许你知道，每一种生物都是用拉丁二项式来进行科学分类的。它们的学名由两部分构成，先划分大类（属），再到小类（种）。本指南主要用于区分不同的萤火虫属，同时还会教大家区分若干个种。对于不同的属，我会指出它们的特征，描述其生命周期，强调其标志性的行为习性。

　　首先，假设你手上有一些你想要识别的萤火虫成虫。但是你怎样确定手里的是萤火虫？它是不是属于萤科？我们之前提到过所有萤火虫幼虫都会发光，但是这个特性在成虫身上是没有用的。这种方法只能用来分辨萤火虫的一个分支发光萤火虫，其成虫腹部下面有一个发光器，即使不发光，腹部也会呈现亮黄色。所有萤火虫成虫都有一个共同特征，即相对来说它们算软体的甲虫——没有坚硬的外壳，鞘翅像皮革一样易弯曲，但很坚韧。鞘翅一般是黑色或褐色，通常会有淡黄色的描边。每只萤火虫头部还有一个扁平的前胸背板，上面一般会点缀红色、黄色和黑色的斑点，很容易辨识。当萤火虫休息的时候，前胸背板会完全遮挡住头部（眼睛会微微伸出）。图1是一些帮助分辨萤火虫的基本甲虫术语。

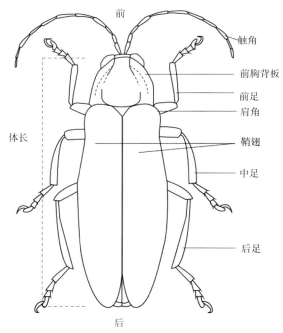

图 1　甲虫外部结构的基本术语

下面是一些区分萤火虫成虫和其他软体甲虫的简单方法。和萤火虫一样，一些甲虫也有前胸背板，上面的花纹也很相似（黑底上点缀着红色或橘色的斑点），有很多模仿萤火虫的地方（见图 7.3）。

· 花萤（菊虎科）的前胸背板较小，所以头部会伸出来。

· 红萤（红萤科）的前胸背板可以完全遮住头部，但是鞘翅是分开的山脊网状。

· 大型萤火虫（捕蜓萤科），有翅膀的雄性有小型的鞘翅和显著的羽毛状触角，没有翅膀且体型更大的雌性身体两侧都有发光的亮点。

如果你不确定手里的甲虫是不是萤火虫，本书末尾注释中的甲虫鉴别指南可以帮到你。

观察一只活的萤火虫需要把它们关在透明的塑料容器或者玻璃容器里，用放大镜或者 5 倍 /10 倍镜头观察。如果萤火虫四处飞舞，你可以将容器先放在冰箱里冷冻几分钟，以降低它们的移动速度。另外一个小技巧是给它们喂一口苹果，趁着它们吸食苹果汁时，你可以仔细观察。

常见萤火虫属的关键特征

如何区分关系紧密的不同昆虫？分类学家一般要借助它们的身体结构细节来判断，很多细节只能在显微镜头下的尸体标本上才能看到。在这里，我不用分类特征，尽量少用专业术语，而从活体萤火虫上很容易观察到的外部特征来帮助大家区分。

每一个分类检索就像一次寻宝游戏。你按图索骥回答一个问题：这是个什么生物？每问一句就对照着手里的（照片上的）萤火虫，选出最适合的描述。一旦你确定了正确的属，就可以翻到对应页码了解有关它的更多生命周期和生活行为的知识。

萤火虫语义学

1. 活跃时间和是否发光

a. 成虫在夜晚处于活跃状态（飞行或者爬行），发光器发光……前往 2

b. 成虫在白天处于活跃状态（飞行或者爬行），发光器不发光或者发光不明显……前往 4

2. 前胸背板形状

a. 前胸背板中间有一条高耸的背脊线（图 2 左，前段边缘微微有尖角……前往 Pyractomena 属萤火虫（第 159 页）

b. 前胸背板没有中间线（反而有点朝中间凹陷，图 2 右，前端边缘是圆角……前往 3

Pyractomena 属，脊状的   Photinus 属，沟槽状的

图 2 前胸背板形状：（左）Pyractomena 属，中间有一条高耸的背脊线（箭头处），前端有微微的突出。（迈克·奎因 摄。）

（右）Photinus 属，中间没有背脊线，反而有一条凹陷的沟（箭头处），前端是圆角。（图片来自 Croar.net）

3. 四肢和肩部

a. 四肢修长纤细，后足和中足几乎与鞘翅一样长。从侧面看肩部，可以发现鞘翅的边缘呈流线型地朝里收缩，把整个肩膀包起来（图 3 左上）……前往 Photuris 属（第 162 页）

b. 四肢短小结实，后足和中足比鞘翅短。从侧面看肩部，可以发现鞘翅的边缘呈一条生硬的直线，形成一个明显的隆起（图 3 左下）……前往 Photinus 属（第 154 页）

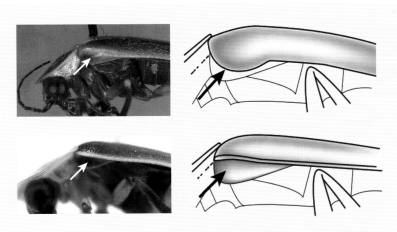

图 3　鞘翅包裹：（左上）Photuris 属的肩部鞘翅平滑弯曲（专业名称为 "不完全" 鞘翅包裹；图片来自贝蒂生物多样性博物馆）。（左下）Photinus 属鞘翅边缘平滑伸直，往里弯曲的时候有一个明显的折痕（"完全" 鞘翅包裹；图片来自哈迪尔·沟）。

4. 触角

a. 触角不明显，细长短小……前往 Ellychnia 属（第 166 页）

b. 触角明显，扁平，长条，锯齿状……前往 Lucidota 属（第 168 页）

发光萤火虫

发光萤火虫在求偶阶段能精准地控制自己发出快速的闪光。它们在北美很常见，主要集中在落基山脉东部。在西部地区，它们零星分布在亚利桑那州、科罗拉多州、内华达州、犹他州、爱达荷州、蒙大拿州、不列颠哥伦比亚省。其他西部地区则几乎见不到它们的踪影，可能是太干旱了。

北美主要有三个属的发光萤火虫：Photinus、Pyractomena 和 Photuris。乍一看这三种长相相似：几乎所有鞘翅都是黑色，边缘有透明色，前胸背板上有红色、黑色和黄色的斑点。但是稍加练习，你就可以一眼分辨出三者的不同。

身体结构

前胸背板——扁平状，但有时中部会有一条浅沟槽；前缘圆滑，边缘黄色（罕见有黑色）。中间粉红区域一般有宽大的黑色条纹或者圆点。

身体——身长 6 ~ 15 毫米，细长；四肢短小。

鞘翅——一般黑色（很少灰色），边缘黄色，两侧平行；从侧面看肩部，可以发现鞘翅的边缘呈一条明显的直线，形成一个明显的折痕（图 3左下）。

　　在美国东部和加拿大有 34 种以上的 Photinus 属萤火虫，它们的区别主要在于雄性生殖器的形状（Green，1956），其次是闪光模式（Lloyd，1966）。经常在夏夜出来带给我们快乐的是 Photinus 属萤火虫——它们在离地面很近的空中悠闲自在地飞 舞，因而很容易追逐。从日落开始，这些发光萤火虫可以持续闪光一个小时或两个小时。虽然每一种萤火虫成虫的活跃期只有几周，但整个 Photinus 属萤火虫加起来可以飞舞一个夏天不停歇——只要它们其中一种的交配季节结束，另外一种马上开始。

雌雄二型

雄性 Photinus 属萤火虫可以很容易和雌性区别开来：雄性的发光器占据了腹部后两节（图 4 左），而雌性发光器仅限在腹部倒数第二节的中间很小一个区域（图 4 右，雌性和雄性的发光器附近都有透明不发光的区域）。雄性的眼睛比雌性大很多。虽然大多数雌性都和雄性一样拥有一双翅膀，但还是有少数的雌性 Photinus 属萤火虫的翅膀非常小，甚至没有。

生命周期

Photinus 属萤火虫的生命开始于雌性在潮湿的土壤或者苔藓上产下卵的那一刻。大约两周后，发光的幼虫从卵壳中孵化而出。幼虫生活在地下，靠吃蚯蚓和其他软体昆虫为生。在人工饲养环境里，它们是群居进食，但在自然环境下是怎么样的就不知道了。在北纬地区，Photinus 属萤火虫幼虫期长达 1 ~ 3 年。越往南走，幼虫

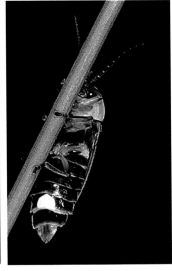

图 4　Photinus 属雌雄二型：（左图）雄性腹部最后两节是发光器区域，眼睛比雌性大。（特里·普里斯特　摄）
（右图）雌性发光器区域仅限在腹部倒数第二节中间部分。（安德鲁·威廉斯　摄）

可以在短短几个月之内长大，然后破茧而出。春末时分，幼虫会给自己搭建一个圆顶的土屋，爬进去，几天后就会变成一个蛹，三个星期之后蜕变成一只成虫。

求偶

Photinus 属萤火虫有特定的栖息地：有些种类喜欢草地，有些喜欢树冠层下面、河流边或者淡水沼泽。当不同种类的萤火虫在同一个栖息地时，它们会轮流交配，将黑夜分割为不同的活动期。黄昏时分出来的雄性会在太阳下山时开始飞翔，只在空中停留 20 ~ 40 分钟。如果栖息地阴暗无光或者当天多云，它们会趁着太阳还没有下山时开始飞行。其他种类的雄萤会等到天黑了才开始行动，然后飞 1 ~ 2 小时。

在求偶过程中，雄性 Photinus 属萤火虫飞得很慢，保持在离地面不到两米的空中。雄性发出所属种类特有的闪光信号向异性传递单身信号。虽然大多数的雌性已经完全发育出翅膀，具备飞行能力，但是它们基本不飞。它们选择趴在草上或者低垂的植被上欣赏路过的雄性。当雌性看上其中一个时，它会在暂停后发出闪光作为回应。雄性看到后再闪一次，双方便开始对话。这种你来我往的对话模式有时候会持续数小时，直到它们见面，开始交配。第三章已详细探讨了 Photinus 属萤火虫的交配仪式。

Photinus 属萤火虫的交配

Photinus 属萤火虫的闪光信号是可以预测的，因而可以相对容易地解读它们之间的交配语言。我们对萤火虫语言学的认识主要来自第三章中提到的萤火虫生物学家吉姆·劳埃德所做的研究。20 世纪 60 年代，劳埃德走遍了美国东部，耐心地记录下 20 多种雄性 Photinus 属萤火虫的闪光模式和雌性回应信号（Lloyd，1966）。他随身携带着一个温度计，因为气温会对萤火虫发出信号的时间产生影响，这一点对其他冷血动物，例如蟋蟀、青蛙和美洲大螽斯也一样。

从图 5 可以看出雄性 Photinus 属萤火虫使用单一脉冲，以一个固定间歇不断反复闪光。这种单一脉冲简短有力。例如 Photinus sabulosus 一次闪光只需要十分之一秒。北斗七星萤火虫所需时间长一些，一次大概四分之三秒；雄性 Photinus consanguineus、Photinus greeni 和 Photinus macdermotti 每次会发出双脉冲；其他种类的萤火虫（Photinus consimilis 和 Photinus carolinus）一次发出连续的多脉冲。无论如何，这些雄性 Photinus 属萤火虫飞行的时候两次闪光脉冲之间的间歇时间是固定不变的。

雌性是如何认出与自己同种的雄性的信号的？经过对雌性进行模拟信号的实验，劳埃德发现雌性会注意雄性闪光的时间。对于单一脉冲的种类，雌性将脉冲时长和间歇时间作为辨别标准。对于双脉冲或者多次脉冲的种类，雌性则密切关注脉冲次数和间歇时间。

雌性的回应数据记录在图 5 右侧，你可以发现大多数的雌性只闪一次，但是当某些种的雌性异常热情时，它们会闪好几次。Photinus consimilis 最多会闪 12 次。劳埃德发现雄性 Photinus 属萤火虫主要依靠雌性开始回应前的等待时间来判断哪些是自己的同类。这种回应延时时长在不同的种类中是不一样的。有些雌性很快就会作出回应（少于 1 秒），其余的会等得久一点。例如 Photinus ignitus 雌性会等 4 秒或超过 4 秒之后才会作出回应。

这一点值得注意是因为萤火虫的闪光信号是由气温决定的，图中只显示了一个大概的时间区域。在 19 ～ 24 ℃温度区间内，可以得到精准的数值。气温上升时，所有时间都会加快：雄性脉冲的时间、脉冲间的间歇和每两次闪光间的间歇都会缩短，同时雌性回应延时也会缩短。同理，气温降低，一切速度都会变慢：雄性北斗七星萤火虫在 24 ℃的气温下每 5.5 秒闪一次，但是在 18 ℃ 就变成了 8 秒。一旦你懂得所在地区 Photinus 属萤火虫的交配密码，就可以靠一只手电筒加入它们的行列，详情请参考后面会讲到的"走出去进一步观察萤火虫"。

Photinus 属萤火虫中有一种萤火虫要特别注意。Photinus pyralis 别名"北斗七星萤火虫"，经常出现在市区公园、郊区草坪、草地和路边。其俗名来源于它们巨大的体型（身长可达 1 厘米）和雄性有名的"先下沉 — 再闪光"特性。黄昏时，

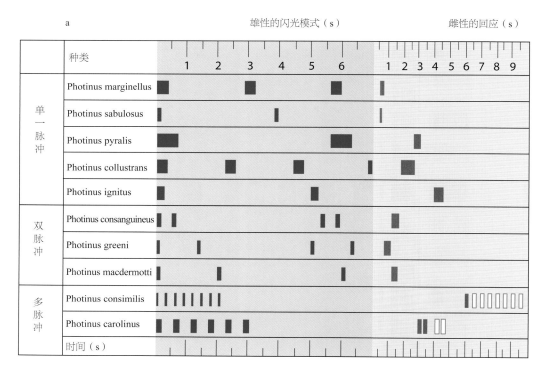

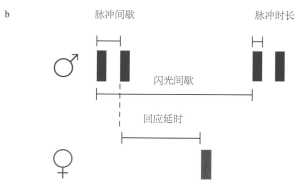

图 5 （a）不同种类的 Photinus 属萤火虫使用不同的闪光交配信号，横轴上方的时间刻度以秒为单位，纵轴是不同种类的 Photinus 属萤火虫。 左边蓝色实心方框是雄性的闪光数据，右边红色实心方框是雌性的闪光数据。空心方框是刘易斯和克拉茨利 2008 年修改的备选数据。（b）闪光模式的术语解释：注意雌性的回应信号是从雄性闪光的最后一下脉冲开始时计时的。

雄性北斗七星萤火虫在空中缓慢地巡视着自己的伴侣，每隔 6 秒左右就发出长达半秒的闪光信号。每次开始闪光时，它们会先下坠，然后猛然上升，反复在空中画出字母 J 的形状。每一次闪光后，雄性会悬在空中静止不动，静静等待可能的雌性回应。雌性北斗七星萤火虫则悠闲地坐在草上，隔 2 ～ 3 秒才闪一次以示回应。生理学家和生物化学家已经对北斗七星萤火虫进行了大量的研究。几十年来，人们收集这种

Pyractomena 属萤火虫

Pyractomena angulata

Pyractomena borealis

身体结构

前胸背板——凹凸不平，两侧边缘向上翻，中线隆起；前端微微有个尖角；有些种类（不是全部）的两侧边缘是黑色。

身体——体型从宽平（图中的 Pyractomena angulata）到细长（图中的 Pyractomena borealis）不等，身长 7 ～ 22 毫米；四肢短小。

鞘翅——大部分都是黑色，边缘黄色。

萤火虫出售给相关机构，用于提取其体内产生光的化学物质，如第八章所述。幸运的是，即使面对大规模的采集行为，北斗七星萤火虫在美国东部地区仍然很常见。

北美大概居住着 16 种 Pyractomena 属萤火虫，其中有几种远到科罗拉多、犹他州和西部其他州都有它们的身影。人们可以根据以上的特征很容易将其和其他种类的萤火虫区分开来。Pyractomena 属萤火虫不同种类之间根据体型、雄性生殖器外形、鞘翅纤毛再作细分（Green，1957）。

雌雄二型

和 Photinus 属萤火虫一样，Pyractomena 属萤火虫的雌雄两性可以通过发光器的形状来区分。雄性的发光器占据了整个腹部的后两节（见图 6 左）。雌性的发光器只局限在腹部两边的四个小点（见图 6 右）。（两者的发光器附近经常会有透明不发光的组织。要判断哪里发光，哪里不发光，最好将萤火虫关在黑暗的屋子里，一边轻触一边观察。）雄性的眼睛比雌性大很多，雌性 Pyractomena 属萤火虫都有翅膀。

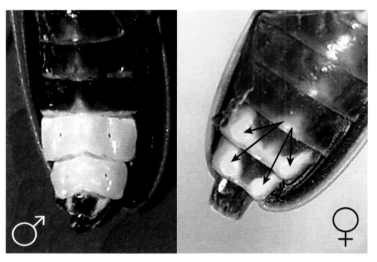

图 6　Pyractomena 属雌雄二型：（左）雄性腹部后两节全是发光器区域。（右）雌性的发光器仅是后两节的四个小点（箭头所指）。注意，这些圆点四周有不发光的淡黄色区域。（琳恩·福斯特拍摄的 Pyractomena borealis 图，出自福斯特，2012）

生命周期

Pyractomena 属萤火虫常见于潮湿草甸、树木、沼泽和溪边。它们的幼虫会发光，喜欢吃蜗牛，瘦长楔形的头部正好可以插入蜗牛的壳里。部分 Pyractomena 属萤火虫幼虫属于半水栖动物，在水面上或者水底觅食。和其他大部分萤火虫不一样，Pyractomena 属萤火虫幼虫会爬到地表的植被上化蛹。

Pyractomena borealis 在森林里栖息繁衍（图 7），它们个头大（身长 11 ~ 22 毫米），很容易辨认，身体黑色，鞘翅有黄色窄边。它们遍布整个北美东部，从缅因州到威斯康星州，南至佛罗里达州和得克萨斯州，加拿大境内则从新斯科舍到艾伯塔都有分布。在其活动区域的南部，幼虫在冬末会爬上树桩寻求有太阳照射的温暖地方化蛹（图 7）。往北走，幼虫会在树桩里过冬，等到来年初春化蛹。1 ~ 3 周后，成虫从黑色的茧壳中破壳而出，一开始成虫的身体是柔软的白色；一天过后，身体变硬并呈现出颜色。

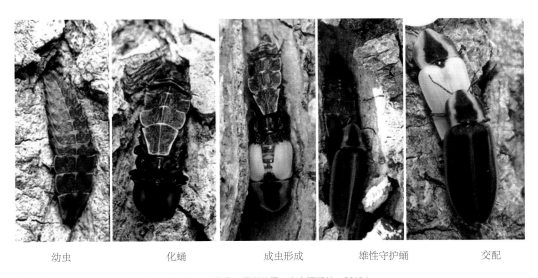

幼虫　　　　　化蛹　　　　　成虫形成　　　雄性守护蛹　　　交配

图 7　Pyractomena borealis 的五个生长周期。（琳恩·福斯特摄，出自福斯特，2012）

Pyractomena 属萤火虫的交配

和 Photinus 属萤火虫一样，Pyractomena 属萤火虫成虫使用一问一答的闪光对话来召唤异性，它们的闪光时间和气温也有关系。可以抵挡寒冷天气的 Pyractomena borealis 是春天出现的第一类发光萤火虫。在佛罗里达州，2 月末就可以看到它们出现在树梢。在田纳西州，它们出现在 3 月末到 4 月。再往北一点的地方，它们的交配时间开始于 5 月到 6 月。

雄性 Pyractomena borealis 最先出现，它们立即爬上树干，寻找雌性。雄性会守护在尚未发育成熟的雌性身边，一旦雌性发育成成虫，就开始交配（图 7）。等雄性具有飞行能力后，它们会在日落后一小时左右飞到树顶高处四处巡视，寻找雌性。

Photuris 属萤火虫

身体结构

前胸背板——行走时头部前端会露出来；半圆形，两侧是黄色（不是黑色）；一般中间有红点和黑底。

身体——体型大（长 10 ~ 20 毫米），中足和后足几乎与鞘翅一样长；鞘翅向后弯曲；身体呈椭圆形，两侧不完全对称。

鞘翅——黑色或棕色，边缘黄色；肩部朝对角线方向延展出透明的线；从侧面看肩部，鞘翅的边缘圆滑地朝里弯曲（图 3 上）。

每隔 2 ～ 4 秒，雄性就会发出一次短促的闪光，气温不同，闪光情况也会不一样。树干上的雌性看到后会在 1 秒后发出一次短促的闪光（时长半秒）以作回应。

另一个特殊的种类是 Pyractomena angulata。这种雄性萤火虫的闪光忽闪忽现、持续 1 秒、颜色为琥珀色，非常好认。它们闪光时像摇曳的烛火，是我最喜欢的一种。它们飞过沼泽、灌木丛，甚至飞进树林里，雄性每 2 ～ 4 秒就会发出闪光。近看，你会发现它们的身体是 Pyractomena 属萤火虫所有种类里最宽大的，鞘翅边缘有黄色的宽边。

北美有 22 种这种驼背、腿脚细长、灵活多动的发光萤火虫，有人估计有近 50 种。很多 Photuris 属的雌萤（并非全部）擅长捕杀其他发光萤火虫。将不同种类的 Photuris 属萤火虫分辨清楚确实是个不小的挑战，哪怕是研究了这个复杂族群 40 年的吉姆·劳埃德也不例外。首先，所有 Photuris 属雄萤的生殖器外表看上去几乎一样，这样一来这个标准就失去了意义。其次，它们的闪光行为变化多端，同一种类的萤火虫表现出来的不同闪光模式会让你眼花缭乱。许多 Photuris 属雄萤会根据夜晚的时间或者附近其他萤火虫来调整闪光的模式（Barber，1951）。雌性在发出自己的求偶信号和模拟猎物闪光信号之间随意切换。除开这些困难，还是很容易根据以上特点将 Photuris 属萤火虫和其他发光萤火虫区分开来的。

雌雄二型

虽然一开始需要一点技巧，但是只要多加练习，你就能根据发光器的大小和形状来判断 Photuris 属萤火虫的性别。和前面两种发光萤火虫一样，雄性的发光器完全覆盖了整个腹部的后两节，雌性的发光器也是在后两节，但是不会完全延伸到边缘，而是被苍白的不发光组织包裹着（见图 8）。

生命周期

Photuris 属萤火虫幼虫经常在夜间出现，它们爬到潮湿的公路旁、小径上、草

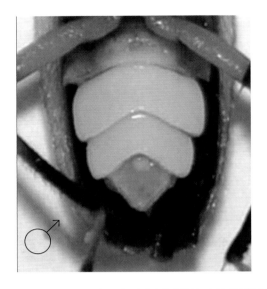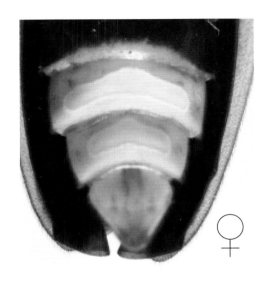

图 8　Photuris 属雌雄二型：（左）雄性腹部下侧底部两节是发光器区域。（右）雌性的发光器仅是后两节的中间部分，并没有延伸到边缘。注意，雌萤发光器区域四周有不发光区域。（丽贝卡·福克纳、玛丽·施密特　摄）

坪上发出昏暗的光芒。这些不挑食的幼虫既是食草动物，又是食腐动物，吃蜗牛、蠕虫和软体昆虫，甚至浆果。进入化蛹期，它们会聚集成小团体，每只幼虫建造一间土房。1 ～ 3 周后，成虫形成。大多数 Photuris 属雌萤的饮食习惯很独特：其他萤火虫成虫吃得很少或者几乎不吃，而 Photuris 属雌萤专注于捕杀其他萤火虫。它们攻击的对象主要是雄性 Photinus 属萤火虫，还有雄性 Pyractomena 属萤火虫，偶尔还包括其他 Photuris 属萤火虫。正如第七章所述，通过捕食，雌性不仅可以获得猎物的蛋白质，还可以获得它们的毒素。Photuris 属雌萤会将猎物的化学武器囤积在自己体内，以保护自己和卵子。Photuris 属萤火虫成虫相对而言存活的时间长一点，在人工饲养环境中，它们可以存活一个月甚至更久。

行为习性

这些发光萤火虫飞得很快，很灵活。一旦被捉住，Photuris 属萤火虫可以很灵活地从网子或者手中逃出。一般情况下，它们夜里起飞的时间比 Photinus 属萤火虫晚，但飞得更高。当你半夜醒来，发现一只萤火虫疯狂地闪着光从窗户边上掠过，那很有可能就是 Photuris 属萤火虫。

其他萤火虫在聚众交配时，Photuris 属雌萤会潜伏左右，使用不同的引诱手段来捕获猎物。雌性通过模仿猎物同类雌性的闪光模式来引诱猎物靠近。它们还追捕和杀死飞行中的雄性猎物，并等在蜘蛛网附近，伺机偷走被困的萤火虫。这些专业猎食者简直是其他北美萤火虫自然选择活动的主要推动力量。

某些种类的 Photuris 属雄萤会根据夜晚时间在两种不同的闪光模式之间切换。例如，雄性 Photuris tremulans 一开始是发出闪烁的长闪光（1 秒），然后切换成短促的单次闪光。雌性和雄性都会根据当时所在环境不规律地闪光，而不仅仅局限于交配。例如，它们着陆、起飞或者爬行时都会闪光。这些令人震惊的多样性使人们很难通过闪光模式来区分不同种类的 Photuris 属萤火虫。因为 Photuris 属萤火虫经常在树枝高处交配，所以我们对其交配行为知之甚少。

不发光的萤火虫

很多萤火虫成虫不会发光。在美国和加拿大全境都能发现这种日间活动的不能发光的萤火虫。虽然有些人可能并不认为它们是"真正"的萤火虫，但是它们与其他萤火虫共同的基因、幼虫发光和其他共有特征都坐实了这群萤火虫作为萤科家族成员的身份。下面提到的 Ellychnia 属萤火虫和 Photinus 属萤火虫是近亲兄弟，虽然它们的生活方式截然不同。不发光的萤火虫也包括两种 Photinus 属萤火虫，它们到了成年阶段甚至更早就会丧失发光的能力。可能这些不发光的萤火虫通过改变活动习性以避开 Photuris 属萤火虫等夜行猎手。虽然人们认为白天活动的萤火虫靠空气传播气味来寻找和吸引异性，但传播的到底是什么化学物质，至今尚未确定。

作为 Photinus 属萤火虫的近亲，白天出没的不发光萤火虫有十几种。Ellychnia 属萤火虫遍布整个北美地区，有几种属于落基山脉西部特有品种。美国东部有 3 种"复合体"，人们至今还没弄明白它们之间的差异（Fender，1970）。Ellychnia

身体结构

前胸背板——半圆形；边缘一般是黑色，但有些种类是黄色或红色。

身体——宽大，身长 6 ~ 16 毫米；没有发光器；四肢短小粗壮。

鞘翅——从深橄榄色过渡到乌黑，边缘不透明；有时候会有很明显的纵向脊线。

corrusca（上图）是东部最普遍的一种。它前胸背板上的花纹最容易辨认：中心有一个黑色的大圆点，外圈红色，两侧边缘是透明色，看上去像一对括号。有时候我们称之为"冬日萤火虫"，因为它们是先锋，最早出现，早春时节就能在森林里看到它们飞舞的身影。

雌雄二型

因为没有发光器，所以要想区分 Ellychnia 属萤火虫的雄雌，就需要近距离观察它们的腹部结构。雌性的腹部最后一节是三角形，中央有个小缺口（见图 9 右）；雄性腹部最后一节要小得多，圆形，没有缺口（见图 9 左）。

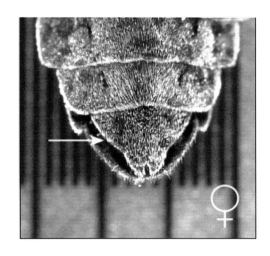

图 9　Ellychnia 属雌雄二型：（左）雄性腹部最后一节是圆形，很小。（右）雌性腹部最后一节是三角形，比雄性大，最下端有缺口。可使用手持式放大镜观察其身体下部（使用以毫米为单位的尺子）。

生命周期

和其他萤火虫一样，Ellychnia 属萤火虫幼虫会发光，并且疯狂进食。它们生活和捕食的场所在腐木内部，所以很少有人看见。Ellychnia corrusca 的活动范围南到佛罗里达，北至安大略湖，生命周期根据纬度而变。在其地理分布范围的北部，成虫一般在秋天发育完成，它们爬上树干，藏到裂缝里过冬。这群身强体壮的小东西毫无疑问会在零度以下的环境里几个月一动不动。我们的标志重捕实验显示马萨诸塞州大约有 90% 的成虫经过一个冬天会存活下来（Rooney and Lewis，2000）。我们经常会在雪地里发现一些看上去死翘翘、四脚朝天的萤火虫，一旦挪到温暖的车内，它们很快就起死回生了。

交配发生在初春（3 月和 4 月），雌萤会就近产卵。初夏孵化的幼虫会用 16 个月的时间疯狂地吃东西和长身体。等到第二年夏末，它们会在腐烂的原木里化蛹。到了秋天，成虫破茧而出，接着在树干上过冬，周而复始。

往南走（北纬 40 度以南），它们的生命周期就不一样了（Faust，2012）。成虫到冬末才发育完成（2 月底到 3 月），发育好后立即爬上树干。和北部地区一样，它们在初春（3 月和 4 月初）交配。然而，南边的幼虫有一整个夏天和秋天来完成它们的发育生长环节，秋末准备进入化蛹阶段，冬末成虫出现。所以在南方，温暖的气候使 Ellychnia corrusca 可以在一个单独的年份里完成整个生命周期。随着全球气候变暖，萤火虫的发育节奏可能会加速，甚至北部的萤火虫也可以在同一年完成一个生命周期。

生活行为

这些不发光的萤火虫最容易暴露行踪的时候是早春，这时成虫开始爬上树干、交配、在森林里飞舞。交配一般发生在树干上或者地面上，一对雌雄成虫摆出屁股

Lucidota 属萤火虫

身体结构

前胸背板——形状各异（前端有圆形也有尖角），颜色各异（有全红、全黄或者黑底上有两个红点）。

身体——宽大，身长 6 ~ 14 毫米；没有发光器或者发育不全；触角扁平长，锯齿状；从眼部开始数前两节触角异常短，宽度和其他一致。

鞘翅——磨砂黑，边缘不透明。

对屁股的交配姿势，持续 12 个小时以上。成虫出现时（北部在初秋，南部在冬末），你会在特定的树上发现十几对聚在一起。它们喜欢树皮有深深凹槽的大型树，经常年复一年地在同一棵树上交配。春天，成虫被枫树汁吸引，但常常命丧枫树汁采集桶。

3 种北美日间飞行的 Lucidota 属萤火虫具有独特的扁平锯齿状触角。成虫依赖化学信号来吸引另一半。目前数量最多的是 Lucidota atra，常见于美国东部，活跃时期为夏季中旬，经常在离地面几米的上空慢慢飞行。这种体型大的成虫（身长 7.5 ～ 14 毫米）非常好认：身体全黑，黄色前胸背板中间有一个黑色部位，两侧有鲜红色斑点。成虫的发光器可能会发育不全，表现为雌虫和雄虫腹部最后一节或最后两节的透明白点。

雌雄二型

和雌性比起来，雄性的触角更粗、更长、锯齿更多（见图 10）。

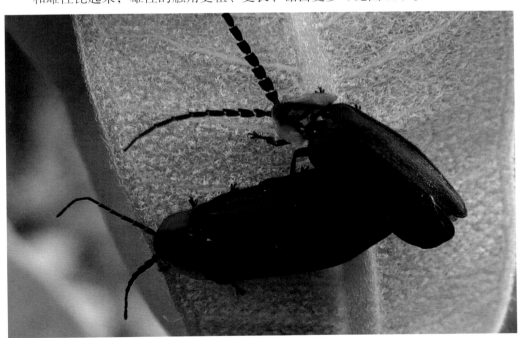

图 10　Lucidota 属雌雄二型。雄性触角（右侧）更扁平，锯齿状更明显，比左侧的雌性更容易辨认。（莫莉·雅各布森　摄）

生命周期

Lucidota 属萤火虫幼虫住在腐木下或者木头缝里，以蜗牛、蠕虫和软体昆虫为食。长大后的幼虫化蛹过冬，在夏初或者仲夏变态成成虫。成虫白天飞行，一般在草坪、沼泽、溪流边和森林边缘出没。雌性 Lucidota Luteicollis 是没有翅膀的，无法飞行。

生活习性

有些不发光、白天出没的萤火虫，包括 Lucidota atra，已经被证明靠空气传播性信息素寻找伴侣 (Lloyd，1972)。静止不动的雌萤发出化学信号，随风扩散。这种性信息素朝着雌萤下风口扩散。飞行寻找雌萤的雄萤一旦发现了性信息素分子，便逆风而上寻找雌萤。人们尚不确定雌萤释放出来的性信息素化合物的成分和结构到底是什么，但有证据显示，雄萤只对同种雌萤释放出来的信号有反应，这说明这种化学求偶信号是具有物种特异性[1]的。

---

[1] 物种特异性：各个物种对特定的作用因子显示出该物种特征的反应。

走出去——进一步观察萤火虫

很多人仅仅满足于区分萤火虫类。但是就像赏鸟一样，只要你进一步去探索，就能发现一个令人惊叹的世界。以下几点可能会鼓励大家走出去探索一个未曾见过的萤火虫世界。

与萤火虫对话

光是发光萤火虫的情话，它们一来一回式的可见对话，使得偷听它们的求爱会谈很容易。只要你知道密码，你就可以抓起一支小手电筒和身边的萤火虫对话。如果你能找到它们，Photinus 属发光萤火虫的求偶对话是最容易加入的。

首先你得观察和学习雄性萤火虫的闪光模式。等到萤火虫的交配季节开始，你便安静地站在或者坐在萤火虫的聚集地。幸运的话，你可以看到雄性萤火虫起飞，开始它们求爱的征程。观察其中一只萤火虫，用秒表记录下它闪光的秒数。跟踪从黄昏就开始飞行的雄性萤火虫——例如北斗七星萤火虫，是比较容易的，因为你可以看清楚它们的身体。对于那些更晚才开始飞行的萤火虫，我的跟踪方法是蹲在地上，抬头仰视空中飞行的它们，观察它们在天空中的剪影。用秒表记录下几只雄性萤火虫的运动轨迹后，你就能掌握它们的闪光模式了。使用一支笔形手电筒（见推荐的工具清单），尝试模拟它们的闪光模式。这必须经过一段时间的练习，但很快你就会觉得自己成了它们中的一员。

现在准备找寻 Photinus 属雌萤的身影。由于它们并不会经常作出回应，所以很难定位。我们可以根据雄萤飞行的方向，用手电筒做诱饵来寻找雌萤。放慢脚步，一边使用手电筒模拟信号，一边留心观察四周。你可以用手指遮住光源前端，这样光就不会过于刺眼。你也不要担心光源形状或者光的颜色，有研究表明，雌性萤火虫不在意光的形状，它们也看不出光的颜色之间的差异。

每一次闪光后，要留意四周有可能出现的雌萤的闪光信号，它们会栖息在草丛里或低矮的植被上。有些雄萤也会在地面上发光，但是它们会一边发光一边移动。而雌萤则会停留在一个地方，一动不动。如果雌萤对你的信号感兴趣，它们会对你或者路过的雄萤闪一次光。雌萤的回应闪光通常比雄萤的时间长，亮度是先强后弱。当你接收到一个信号，就朝雌萤所在方向前进，同时再模拟一次信号。记住，你是在和一个急于寻求伴侣的雄萤竞争，动作一定要快！雄萤的数量一般比雌萤多，所以它们只要看到任何回应信号，就会快速找到对方。

你也可以去雄萤可能忽视的地点搜索雌萤的踪影，例如栖息地边缘的灌木丛边或者树下。另一个寻找雌萤的策略是等雄萤不飞了，再开始行动。交配季节结束后，你仍然会在靠近地面的地方看到一簇一簇的亮光。这些是正在进行的求偶对话——一般是几只雄萤在同时竞争着找寻一位雌萤。如果跟着这些在夜里长时间闪烁的光，有时你可以找到雌萤的身影。

一旦你发现了一只雌萤，请尽可能地靠近它，但要小心别把它从树叶上抖下去。用秒表或者心里默数来测量它们回应的延时；以雄萤每两次或者多次脉冲为一次闪光的模式为准，在雄萤最后一次脉冲开始时计时。多次测量后，你就能得到更精确的估计值。这时，你最好短暂地打开头灯，确认你一直观察的是 Photinus 属雌萤，而不是什么假冒的"蛇蝎美人"。

终于，你做好加入对话的准备了！为了模拟雌萤，可用手指抵住手电筒的前端（这样能让光线变暗），然后将手电筒放到距离地面很近的地方。注意观察一只雄萤。当它闪光时，别急着回应，待计算出正确的延时，再闪回你的答案。如果它靠近你并且闪光回应，要保持正确的节奏继续回应它。不要太热情，记住，你扮演的是害羞忸怩的雌萤，它们不是每次信号都会回应的。通过模拟雌萤，你应该吸引了雄萤的注意力！雄萤能从大老远的地方飞到你跟前，有时候手臂上和手电筒上都可能有十几只雄萤。

你已经掌握了如何模拟雄萤的闪光模式来定位雌萤。如果你在交配季节临近尾声时这样做，你会见证奇迹发生。正如第三章所述，那时单身雌萤的数目一般会超过单身雄萤。如果你走到萤火虫栖息地中央用手电筒模仿雄萤的闪光，幸运的话，你会看到众多的雌萤以同一个频率向你抛来橄榄枝。

如果你想知道你所在街区附近的 Photinus 属萤火虫是什么品种，那就先记录下它们的闪光模式。对雄萤而言，记录它们脉冲的数量，用秒表记录两次闪光之间的间隔时间。如果含有两次及以上的脉冲次数，那就记录下两次之间的间隔时间。这里不必考虑脉冲的持续时长，那得借助专业的记录器；你只需要记录闪光是短暂（少于半秒）抑或持久（多于半秒）。对于雌萤而言，不仅要记录它们的回复延时，同时还需要记录气温，因为这会影响闪光时间。最好在不同的夜晚搜集信息，将观察的结果记录在笔记本上或录音笔里。

参考前面提及的闪光图表，找到和你的观察结果最相近的一组模式。记住，低温环境下所有反应速度会变慢，高温则会加速。吉姆·劳埃德在 1966 年撰写的关于 Photinus 属萤火虫的专题论文中提供了更多附加信息，包括二十几种美国萤火虫的地理分布范围、栖息地描述、活跃期和闪光行为。

看不见的萤火虫香氛世界

发光萤火虫凭借其明亮的闪光表演成功吸引了诸多科学家的关注，赢得了人们的赞美。那么白天不发光的萤火虫呢？没有光的帮助，它们如何寻找伴侣？虽然只有几项科学研究探寻了这些可怜的表亲的求偶仪式，但有证据表明，它们靠的是一种飘散在空气中的看不见的化学信号。

一项经典的研究观察了 Lucidota atra，一种白天飞行的大型黑色萤火虫，在仲夏夜很容易看见雄萤缓慢飞过森林，穿过草坪，在路边徘徊。为了观察雌萤是否通过释放依靠空气传播的气味来吸引雄萤，劳埃德在密歇根州上半岛进行了几次简单的野外实验（Lloyd，1972）。他将雌萤关进小的浅口容器（这种容器为直径 10 厘米的培养皿，是实验室里的"主力军"）里，然后小心翼翼地用网眼布封口，这样能让雌萤老老实实地待在里面（雄萤在外面），同时保持空气的自由流动。

劳埃德将关着的雌萤放在林中空地上，然后一边等待一边仔细观察。一阵微风吹过，不到三分钟，就有雄萤从顺风口方向飞来，径直停在培养皿上或者附近。头半个小时里，一共有 30 只雄萤飞来。他将其中一些做好标记，然后带到离装着雌萤罐子距离不等的顺风方向处放飞。距离 9 米时，每只雄萤能在八分钟之内找到回来的路。有一只速度快的，做好标记后被带到距离 27 米的地方放飞，它居然能在三分钟之内飞回来！雌萤顺风释放化学信号，形成一种具有扩散性的肉眼无法识别的气味分子。四处飞舞的雄萤闻到雌萤释放的信号后，便逆风找寻它们的位置。

在另一种白天飞行的萤火虫身上所做的实验，也证实了雌萤依靠释放气味来吸引雄萤的观点。第五章提到的比利时音乐家兼科学家拉斐尔·德科克对 Phosphaenus hemipterus——比较少见的欧洲 Glow-worm 萤火虫（De Cock and Matthysen，2005）进行了研究。在安特卫普大学的草地上，德科克拿 Phosphaenus hemipterus 做了几个实验，想知道雌萤是否通过靠空气传播的化学线索来吸引雄萤。他将雌萤放在盘子里，然后用纱布盖住，这些雌萤在一个小时内吸引了近 30 只雄萤，大部分是从顺风方向飞来的。德科克还描述雌萤用"打招呼"的姿势——腹部卷向一侧，将香水释放到空气中。

这就是我们所知的关于白天出现的萤火虫如何吸引异性的全部信息——这片领域还是处女地，不仅因为萤火虫"香水"至今是个谜，还因为大多数萤火虫寻找交配对象的方法仍未被提及。白天飞行的萤火虫遍布全世界。美国东部最常见的一种叫 Ellychnia corrusca；在新英格兰地区，它们在四五月间交配，且持续几个星期。然而，我们对它们的交配行为一无所知。美国西部是很多其他白天不发光萤火虫的家园。因此，任何愿意展开观察和研究的人，都应该能发现一些全新的东西！

大家可以亲自尝试一个简单的实验。找几个浅口盘（梅森瓶的盖子很适合）、一些网眼织布（例如纺织品商店里卖的蚊帐或者薄纱）、橡皮筋和一块海绵，抓几只家附近的白天不发光萤火虫，按照辨别指南上的方法区分雌萤和雄萤。在每个盘子里放一小块湿润的海绵保持湿度。雌萤和雄萤被分开放置在盘子里，并在一旁准备一些空盘子(见图11)。这些空盘子将有助于排除雄萤仅被盘子装饰吸引的可能性，被关在盘子里的雄萤会告诉我们它们是否会被其他种类的雄萤或者雌萤吸引。

将这些盘子按组放在萤火虫的栖息地，每组相隔数米。可以在器皿下垫一个白色碟子或者纸片，这样一有雄萤飞来，我们更容易发现。然后，静下心来仔细观察，或者每隔一段时间就去检查是否有来访者。装着雌萤的盘子是不是吸引了更多的雄萤？利用类似的实验，你也许能回答以下几个问题：

· 在一天的不同时刻，雌萤会吸引更多的雄萤？雄萤会更快到达？

· 雌萤是否发出任何"邀请"行为？

· 雄萤是否喜欢从顺风方向靠近雌萤？你可以用线性指示来测量风向——将一小块（聚苯乙烯）泡沫塑料绑在一条（30厘米长）线的末端，然后将线系在树枝上，或者和雄萤飞行的高度保持一致。

· 雄萤如何靠近雌萤？它们是呈"之"字形飞行还是直线飞行？它们是直接降落在器皿上还是落在附近？

· 雌萤对雄萤产生吸引力的最远距离是多少米？你可以用浅色中性笔或者超细不透明油性笔在雄萤鞘翅上轻轻画个圆圈，然后试着在距离雌萤不同的距离放飞雄萤，例如5米、10米、15米。

空盘

雌萤　　　　　　　　　　　　　　　雄萤

图 11　一个测试萤火虫化学信号的简单实验。

挑剔的食客？

将萤火虫装在透明的玻璃罐里，几乎是每个在美国长大的人的美好童年记忆。这些玻璃瓶装载的记忆之所以历久弥新，很大程度上是因为其中藏着令人怀念的奇迹。然而，这些瓶子里常常还藏着幽灵。

我侄子内特在 5 岁的时候就遇到了这样一件事，给他留下了心理阴影。有一天晚上，他高高兴兴地抓了一罐子萤火虫。晚上睡觉的时候，我们把瓶子放在他床头，这样他就能看到它们的光亮。但是第二天早上醒来的时候，他惊恐地发现瓶子里只剩下一只大的萤火虫，其余的全消失了，只有些许残肢断翼散落在瓶底。他发疯似地叫着："我的萤火虫被杀了！"同其他天真无邪的萤火虫收集者一样，内特终于亲眼见识到了 Photuris 属萤火虫的猎食行为。

见到一只成年萤火虫吃东西就够奇怪了，更别说吃自己的同类。然而，Photuris 属萤火虫是专业的掠食性动物（见图 12）。第七章中提到过，它们发明了很多猎杀技巧来捕捉萤火虫，这样的猎物提供的不仅仅是一顿美味大餐。研究表明，当这些掠食性萤火虫吃掉 Photinus 属萤火虫时，它们会将猎物体内的有毒化学元素存储起来，化为己用，以抵御天敌。（Eisner et al. 1997）

然而，我们对 Photuris 属萤火虫的饮食偏好知之甚少。无论什么时候在野外研

图 12　一只 Photuris 属雌萤吃掉了 Photinus 属雄萤的软组织。（方华特　摄）

究它们，它们最喜欢的猎物似乎都是 Photinus 属萤火虫，偶尔会捕食 Pyractomena 属萤火虫，而很少捕食其他 Photuris 属萤火虫（Lloyd，1984）。它们到底喜欢吃什么？

为了回答这个问题，我们在一个 6 月针对活跃在大雾山的掠食性 Photuris 属萤火虫做了一个实验（Lewis et al.，2012）。实验材料很简单，就是几个在超市买的一夸脱容量的干净的熟食包装容器。我们在盖子上戳了一些洞，并在每个容器里铺上人造丝绸和湿纸巾。每只 Photuris 属雌萤被单独装在容器里。在两周左右的时间里，每晚我们都给它们喂不同种类的昆虫。菜单包括那个时间段活跃在外面的任何萤火虫（包括一些 Photinus 属萤火虫、蓝色幽灵萤火虫和两种 Lucidota 属萤火虫），还有各种苍蝇、叩甲、蚱蜢和臭虫。在自然条件和人工条件之间作出合理的妥协后，这个实验给了猎物充足的空间去寻找庇护所，躲避袭击，我们可以测试的猎物也比野外多得多。

这里我不是为了简单回顾我们的结论——你可以去阅读我们的文章，了解这些特殊的 Photuris 属萤火虫捕食者的挑食习性（见参考文献），而是希望你们亲自在家里做这个实验。当你在搜寻本地的萤火虫时，你可能会发现一些 Photuris 属萤火虫。抓几只雌萤，把它们分别装进容器里，让它们处于自然光照的周期下，但要避免阳光直射。每晚给它们喂不同的猎物，记录下它们吃哪些，不吃哪些。如果你足够好奇又胆大，那观察它们猎食是很有趣的：为了不干扰它们，观察时你可以使用过滤掉蓝光的灯（见工具清单）。

试一试，告诉我你的发现！

遣返行动

每当我和我的学生收集萤火虫做实验的时候，总是试图通过遣返来安置它们。也就是说，我们总是将它们的后代——卵和（或）幼虫——迁移回原始群体。如果你愿意像我们一样把爱传递，可以遵循以下步骤：

将一只雌性萤火虫和一只雄性萤火虫共同关在一个 4 盎司大小的塑料容器里，

容器底部铺上一层湿纸巾（保持湿度），上面再铺一层苔藓（用于产卵）。容器只留几个小孔，因为两只萤火虫并不需要太多氧气，如果气流过大，它们很快就会脱水。将它们置于自然光线下，不出几个晚上它们就会开始交配。你可以用过滤掉蓝光的头灯定期查看它们。如果你在户外发现一对正在交配的萤火虫，不要把它们捡起来，可以用小毛刷或者一片纸轻轻把它们推到容器里，注意不要碰乱它们的姿势。待它们交配结束后，给它们一小块苹果，每天如此，以避免发霉。任何一种苹果都可以，我用的是一种澳大利亚有机青苹果。

几天后，雌性就会产下细小的象牙色的卵，一般长 1 毫米。这时，你可以将每只萤火虫及其卵子移到它们的原始栖息地——将成虫放回植被底部，将卵连带苔藓放在一个潮湿的地方。如果你好奇地想知道 Photinus 属萤火虫幼虫长什么样，就将用于产卵的玻璃容器放在一个温暖黑暗的地方，并定期检查卵子，避免它们发霉。大约两周后，卵子会孵化出小小的发光的幼虫。Photinus 属萤火虫幼虫在人工养殖环境下很难存活，所以必须尽快将它们移至它们原本的栖息地。

工具清单：夜色中的探险

在你准备出发去探索萤火虫的黑夜世界之前，最好先准备好一些工具。下面是萤火虫科学家必备的工具清单：

头灯：可以在野外观察萤火虫时解放自己的双手；必须要有蓝色滤镜，因为萤火虫的眼睛对蓝色光的敏感度偏低。

秒表：用于记录闪光时间，最好是自发光，这样就不会影响夜视环境。

温度计：用来测量温度（我的温度计是在当地五金店购买的）。

捕虫网：用来捕捉萤火虫，以鉴别种类（一般网上有卖，我用的是折叠型网，大小正好可以塞进背包里）。

一些容器：里面铺上微湿（而非湿透）的纸巾保湿（你可以用任何容器，比如药店买的药瓶）。

微型 LED 手电筒或笔形手电筒：用于和萤火虫对话。可悬挂在钥匙扣上的微型 LED 手电筒和那种医生用来观察瞳孔大小的笔形手电筒都很好用。它应该有一个开关，只有按下开关按钮才会发光，这样会更加方便地模拟萤火虫的闪光信号。

一支小水彩画笔：用于在萤火虫身上做标记，同时不会伤害它们柔软的身体。

一个笔记本或者一支录音笔：用于记录萤火虫的闪光模型和行为。康涅狄格大学的安迪·莫采夫博士编写了一个可免费下载的苹果手机软件，名为"萤火虫野外笔记"，你可以在上面记录萤火虫的闪光时间、地点和天气数据。

可选工具：如果你要观察萤火虫交配的整个过程，可能需要准备一个折凳，因为整个过程会持续好几个小时。

观察萤火虫的行为还需要了解一点它们的视力知识。和人类不同，萤火虫没有色觉，但是它们的双眼对特定波长的光最敏感。实际上，对于每个种类的萤火虫来说，它们眼睛的色彩敏感度是和它们的生物闪光颜色相对应的（同时看紫外线也看得很清楚）。在黄昏出动的萤火虫，例如很多 Photinus 属萤火虫，主要发出黄色的闪光，所以它们的眼睛对黄色最敏感。另外，大多数在夜色降临时才活跃起来的萤火虫（例如大多数 Photuris 属萤火虫）会发出绿色的光，它们的眼睛对绿色敏感。黄昏活跃的萤火虫发出的黄光在绿色植物反射出的绿色背景衬托下很容易辨别出来。

观察夜间行动的萤火虫很麻烦——如果你希望在不打扰它们的前提下观察它们。如果手电筒的光太刺眼或者头灯距离太近，它们就会停止正常行动——人造灯光会遮蔽它们的视力，使其不会对闪光作出反应。最好的方法是使用蓝色灯光。尽管萤火虫能看见蓝光，但是它们的眼睛对蓝色最不敏感，所以你的蓝光在它们看来非常弱。只需在镜片上涂抹几层蓝色醋酸盐（或玻璃纸），就可以将头灯或者手电筒改造成便于观察萤火虫的工具。大多数美术用品商店都出售这种有颜色的纸片。在灯上加几层滤纸后，你就可以近距离观察萤火虫，同时不用担心会干扰到它们。

还可以选择红色的头灯——用于保护人类的夜视，这些是更广泛的应用。但是红色光线必须非常暗，因为萤火虫对红光的敏感度比对蓝光的高。

最后还需要提醒几点：考虑到萤火虫在潮湿环境下繁殖，你在观察时常会遇到很多蚊子，所以一定要穿长裤长袖，也可以使用防蚊液，但如果是喷在手上，接触萤火虫前务必要先洗掉；不要穿防虫衣服，上面有苄氯菊酯杀虫剂，沾染在你的皮肤上后再接触萤火虫，对它们是具有毒性的。通常，当实验点的蚊虫肆虐到无法忍受时，我会穿上一件蚊帐外套或者戴上帽子，再戴上乳胶或者丁腈材质的保护手套。当你在观察萤火虫的过程中穿过高高的草丛或者森林边缘时，要小心扁虱。可将裤腿扎进袜子里，在鞋子、袜子和裤子上喷洒防蚊水。回到屋里后，仔细检查每一层衣物和整个身体，看是否有扁虱。必要时可以让朋友帮忙一起检查。

致　谢

　　感谢我的导师、读者和支持者，他们以不同的方式为本书的面世做出了贡献。我的感谢献给：导师比尔·博塞特，感谢他让我燃起了跨越学科的学术热情。感谢彼得·韦恩，是他让我沿着正确的道路一直走下去。感谢我在塔夫茨大学的同事，是他们为我营造了任何一位科学家都梦寐以求的相互鼓励与协作的氛围。感谢我的家人，无数个夜晚他们全方位地协助我进行野外探险。感谢我的生命之光托马斯·米歇尔，谢谢他对我无尽的爱和不懈的支持。还有我两个儿子本和扎克，他们让我的双眼不断发现奇迹。感谢马萨诸塞州的林肯小镇，那里至今保留着天然的萤火虫繁衍栖息地。感谢我的实验同伴，我们共同分享了无数个见证奇迹的夜晚。感谢那些多年来为塔夫茨萤火虫团队做出贡献的学生。感谢拉斯·盖伦鼓励我写下这本书。感谢编辑艾利森·卡内特给予我专业的意见。感谢我的读者、朋友和同事——杰夫·费希尔、约翰·阿尔科克、道格·埃姆伦、科林·奥里恩斯、妮科尔·圣克莱尔 - 诺布洛奇、莱拉·萨伊格、格温·劳德、卡伦·刘易斯、弗朗西·丘、努里亚·阿尔 - 瓦斯曲依、阿曼达·富兰克林和本·米歇尔——感谢他们花费宝贵的时间审阅初稿并给予宝贵的反馈。感谢众多摄影师慷慨贡献美丽的图片让本书成为一件艺术品。最后，我要感谢美国公民对科学探索的支持，你们的纳税为美国国家科学基金会提供了资助，使得本书中的很多发现得以实现。谢谢你们！

　　2013—2014 年休假期间，我在新罕布什尔斯夸姆湖岸边完成了这本书。此时此地，我心存感激。

注　释

第一章　静谧之光

神奇的世界

为了沉浸在奇迹中，我一直从蕾切尔·卡森（Carson，1965）的作品和生物学家厄休拉·古迪纳夫引人入胜的宗教自然主义描述（Goodenough，1998）中获取灵感。

越来越多的人走进大自然去寻找萤火虫。有关萤火虫旅游的信息有许多新闻报道，可上网查询。

萤火虫在日本艺术、文学和文化中的特殊含义已参考文献（Yuma，1993；Ohba，2004；Oba et al.，2011）。第一次翻译这些日文文献时，我拜托了我的朋友兼同事雷·卡梅达。

萤火虫常识：是什么？在哪里生活？有多少种?

地球历史上关于甲虫和萤火虫起源的预测都来自麦克纳与法雷尔（2009）。他们的理论基于所谓的时间树，也就是进化树，其用有日期标记的化石来作为时间量程。

萤火虫多样性的模型和外来物种入侵基于劳埃德（2002, 2008）和维维阿尼（2001）。麦克德莫特（1964）提到了西雅图和波特兰的公园引进 Photuris 属萤火虫的尝试。马伊卡和麦基弗（2009）描述了欧洲的 Glow-worm 萤火虫是如何意外地被引入新斯科舍的，并报道了 50 多年后他们在哈利法克斯附近的墓地发现的萤火虫数量。

用闪光、闪烁和气味寻觅伴侣

和所有生物一样，萤火虫的历史在基因里延续。布拉纳姆和温策尔（2001，2003）基于形态学特征，斯坦格 - 霍尔及其同事（2007）基于 DNA 序列改写了萤火虫的进化史。

布拉纳姆（2005）和刘易斯（2009）概述了萤火虫不同的交配习惯是如何进化而来的。

进一步研究

如果你没有时间读完这整本书，可以先观看我在 TED 上的演讲视频，一段 14 分钟的萤火虫故事浓缩版本，看过后再回过头来仔细研读！

你可以学习更多关于萤火虫的知识，还可以报名参加波士顿科学博物馆举办的公民科学项目，报道你所在地的萤火虫活动。

1993—1998 年，萤火虫专家吉姆 · 劳埃德发布了《萤火虫的同伴》这一非正式的新闻通信，旨在提升社会对萤火虫生物学的关注度。《萤火虫的同伴》中满是有关萤火虫的事实、沉思、诗歌，甚至偶有填字游戏，很好地展现了吉姆 · 劳埃德不拘一格，甚至有时杂乱无章的通信稿风格。你可以从网上下载这篇通信。

第二章　闪亮的星光

大雾山腹地深处

福斯特（Foust，2010）详细记载了阿巴拉契亚山脉同步萤火虫 Photinus carolinus

的生命周期、习性和交配行为。关于埃尔克蒙特萤火虫表演的时间、地点和观看方式的信息，可以在网站上找到 。在宾夕法尼亚州的阿勒格尼国家森林中和南卡罗来纳州的坎格瑞沼泽国家公园也都发现了 Photinus carolinus。

在《同步：秩序如何从混沌中涌现》 一书中，数学家史蒂夫·斯托加茨深入浅出地描述了同步的数学基础及其在工程和自然界中如何发挥作用（Strogatz，2003）。

乔恩·科普兰的话引自：

Copeland, J. (1998). Synchrony in Elkmont: A story of discovery. *Tennessee Conservationist* (May–June).

本章的传记素材是基于我在 2009 年、2011 年和 2013 年对琳恩·福斯特的采访。

出身卑微

费里斯·贾布尔清楚地描述了昆虫复杂的生活方式是如何进化的，并就我们对变态发育的科学认识给出了历史观点。

大萤火虫幼虫习性的许多细节都是基于约翰·泰勒的资料小册子（Tyler，2002）。

闪光是一种拒绝

布拉纳姆和温策尔（2001）通过系统发育分析发现，生物发光起源于一些萤火虫祖先的幼虫阶段的证据，当时最有可能是作为一个警告信号。

富有创意的即兴之作：萤火虫的进化

我引用了达尔文的《物种起源》（1859, p. 84），因为许多人认为达尔文对自然选择的描述最为诗意。

同步交响乐

格林菲尔德（2002）针对不同昆虫的求偶信号进化出同步性的各种假说提供了一个令人信服的总结。文茨尔和卡尔森（1998）发现雌性北斗七星萤火虫优先回应主流信号。莫采夫和科普兰（1995）研究了 Photinus carolinus 的同步机制，他们的研究（2010）表明，相较于非同步闪光，雌萤对同步闪光的雄萤的回应更频繁。

进一步研究

约翰·范维尔博士于 2002 年建立的"达尔文网站"，网站提供查尔斯·达尔文的书籍、野外笔记、日记等资料的可搜索电子版，还有音频和图片可供下载。

可在线搜索达尔文的著作，Wilson, E. O., editor (2006). *From So Simple a Beginning: Darwin's Four Great Books*.W. W. Norton, New York, NY. 1706 pp.

杰出的生物学家和普利策奖得主威尔逊将达尔文的四大巨著《小猎犬号航海记》（1845 年）、《物种起源》（1859 年）、《人类的由来及性选择》（1871 年）、《人类与动物的情感表达》（1872 年）进行汇编，添加注释，配上插图，最终编纂成册。在后记中，威尔逊详细阐述了科学与宗教信仰之间的分歧。

欧洲大萤火虫的生活方式在才华横溢的博物学家的以下两本书中有生动的阐述。其中第二本是伟大的法国昆虫学家让-亨利·法布尔的最后一部作品，虽然其文学风格在现代看来过于华丽，但仍然充满趣味。

John Tyler (2002). *The Glow-worm*.Privately published.

Fabre, J. H. (1924). *The Glow-worm and Other Beetles*. Dodd, Mead, New York, NY.

英国 Glow-worm 萤火虫调查这一非正式团体由罗宾·斯卡格尔于 1990 年建立，致力于搜集英国各地萤火虫出没的信息。

《生于地下的明星：英国神秘的 Glow-worm 萤火虫》，克里斯托弗·金特拍摄的这部令人回味的短片展示了以蜗牛为食的萤火虫幼虫，解释了雌萤的求偶习性，探讨了目前存在的对英国人最喜爱的一种神秘昆虫造成的威胁。

第三章 草丛中的奇观

萤火虫的狂欢

Photinus 属萤火虫是吉姆·劳埃德的博士论文（Lloyd，1966）的主要研究对象，论文描述了它们的地理分布和栖息地的分布、求偶行为及其他。论文的卷首插图如图 3.1（图片经美国密歇根大学的动物学博物馆授权使用）所示，巧妙地展示了以下几种[1]photinus 属萤火虫雄萤的飞行路线和闪光模式：（1）consimilis 慢脉冲；（2）brimleyi；（3）consimilis 快脉冲；（5）marginellus；（6）consanguineus；（7）ignitus；（8）pyralis；（9）granulatus。

定义难以定义的

查尔斯·达尔文的话引自他写给挚友知己、植物学家约瑟夫·胡克的一封信。

走入这片夜色

卡尔·齐默在其《纽约时报》获奖文章中特别提到了我们对萤火虫的研究：Zimmer, C. (2009, 29 June). Blink twice if you like me. *New York Times.*

我们对 Photinus greeni 求偶行为的描述来自德玛丽及其同事（2006）、迈克莉迪斯及其同事（2006）。

来点零食

劳埃德（2000）在文章中报告追踪了几百只 Photinus collustrans 雄萤，记录它们在捕食者环伺的情况下成功找到异性的概率。劳埃德（1973）、戴（2011）、刘易斯及其同事（2012）描述了以萤火虫为食的各种捕食者。

---

1. 图 3.1 共展示了 9 种 Photinus 属萤火虫，此处只展示了 8 种，第（4）种并未注明。——编者注

亲密接触

刘易斯和王（1991）深入研究了两种新英格兰萤火虫——Photinus marginellus 和 Photinus aquilonius 的交配与求偶行为。

战利品属于胜者

特里弗斯（1972）指出，男性和女性的性行为差异是源于两性之间的亲代投资的不对称。生物学家达里尔·格温及其同事获得了"搞笑诺贝尔奖"（乍看之下令人发笑，却又发人深省的研究），因为他们发现有些雄性萤火虫在择偶时完全不挑剔，澳大利亚甲虫 Julodimorpha bakervelli 的雄性经常被发现和遗弃在路边的啤酒瓶交配。（Gwynne and Rentz 1983）

埃丽卡·戴纳特好心地向我展示了哥斯达黎加 Heliconius 蝴蝶是如何在交配时展开守卫的。琳恩·福斯特描述了 Photinus carolinus（Faust，2010）和 Pyractomena borealis（Faust，2012）两种萤火虫的雄性守卫雌性虫茧的行为。

莫勒（1968）、文茨尔和卡尔森（1998）、福斯特（2010）提到过，对很多 Photinus 属萤火虫来说，求偶是一场激烈的竞争。温及其同事（1982）描述了雄性曲翅萤带有钩状的鞘翅在交配时会紧紧夹住雌性的腹部。劳埃德（1979a）提到有些雄性没有找到雌性交配时会假冒雌性回应闪光来干扰其他对手。

女士的选择

达尔文的话引自《人类的由来及性选择》（1871 年）第二部分第 38 页，书中他描述了雌雄淘汰的全过程。

费希尔（1930）首次用模拟实验的方式说明雌性的选择是如何促使雄性进化出华丽的外饰部件，例如孔雀的尾巴。布拉纳姆和格林菲尔德（1996）、克拉茨利和刘易斯（2003）、迈克莉迪斯及其同事（2006）用光再现实验证明了雌性 Photinus 属萤火虫的选择。德玛丽及其同事（2006）认为雌性萤火虫偏爱某些交配对象，相应的这些雄性会有更高的交配成功率。刘易斯和克拉茨利（2008）分享了科学家们对萤火虫闪光信号进化、交配和猎食的研究及技术性评论。

角色反转：性别逆转的求爱角色

刘易斯和王（1991）描述了萤火虫雌雄数量比例的季节性变化。克拉茨利和刘易斯（2005）指出，雄性在交配季晚期会倾向于选择那些携带更多卵子的雌性。

进一步研究

更多雌雄淘汰的信息

达尔文在其 1871 年出版的书中第二部分描述了雌雄淘汰如何神奇地塑造了动物的形态和功能。在描述了这一神奇进化过程的大致理论框架和机制后，在另一章中，达尔文又描述了雌雄淘汰如何导致甲壳动物、软体动物、昆虫、两栖动物、爬虫、鸟类甚至人类进化出很多神奇甚至匪夷所思的雄性特征。

Darwin, C. (1871). *The Descent of Man and Selection in Relation to Sex*. John Murray, London.

这里还有两篇对雌雄淘汰的精妙论述——比达尔文的篇幅更短，文笔更诙谐。奥利维娅·贾德森为相思成苦的昆虫、竹节虫、突眼蝇、老鼠、海牛推出两性专栏，其著作趣味横生地描述了雌雄淘汰导致动物进化出一些怪异的身体结构和行为。

Judson, O. (2002). *Dr. Tatiana's Sex Advice to All Creation*. Metropolitan Books, Henry Holt, New York, NY. 320 pp.

Cronin, H. (1993). *The Ant and the Peacock*. Cambridge University Press, New York, NY. 504 pp.

和吉姆·劳埃德一起走过萤火虫小径

吉姆·劳埃德关于美国 Photinus 属萤火虫的专题论文描述了它们的地理分布和

栖息地分布、求偶闪光行为及其他。网上可以免费下载。

Lloyd, J. E. (1966). Studies on the flash communication system in Photinus fireflies. *University of Michigan Miscellaneous Publications* 130:1–95.

1997—2003 年，吉姆·劳埃德在开放取阅式科学杂志《佛罗里达昆虫学家》上发表了一系列名为"论研究和昆虫学教育"的文章，以给学生写信的形式配上萤火虫自然历史的漫谈、萤火虫野外研究的丰富感想呈现给读者。

Lloyd, J. E. (1997). On research and entomological education, and a different light in the lives of fireflies (Coleoptera: Lampyridae; Pyractomena). *Florida Entomologist 80*: 120 –31.

Lloyd, J. E. (1998). On research and entomological education II: A conditional mating strategy and resource-sustained lek(?) in a class-room firefly (Coleoptera: Lampyridae; Photinus). *Florida Entomologist* 81: 261-72 .

Lloyd, J. E. (1999). On research and entomological education III: Firefly brachyptery and wing "polymorphism" at Pitkin marsh and watery retreats near summer camps (Coleoptera: Lampyridae; Pyropyga). *Florida Entomologist* 82: 165 –79.

Lloyd, J. E. (2000). On research and entomological education IV: Quantifying mate search in a perfect insect-seeking true facts and insight (Coleoptera: Lampyridae, *Photinus*). *Florida Entomologist* 83:211 –28.

Lloyd, J. E. (2001). On research and entomological education V: A species (c)oncept for fireflyers, at the bench and in old fields, and back to the Wisconsian glacier. *Florida Entomologist* 84: 587 –601.

Lloyd, J. E. (2003). On research and entomological education VI: Firefly species and lists, old and now. *Florida Entomologist* 6: 99 – 113.

第四章　闪光中，你我共结连理

当夜色降临

1990 年，娜塔莉·安吉尔在《纽约时报》上提到了一夫一妻制的消亡。皮扎里和韦德尔（2013）在主题论文中介绍了一妻多夫制度的科学分支。刘易斯和王（1991）描述了野生 Photinus 属萤火虫的一妻多夫制度。

Angier, N. (1990, August 21). Mating for life? It's not for the birds or the bees. *New York Times*.

爱恨情愁，精子大战

杰出的进化生物学家莉·西蒙斯在 2001 年对精子竞争理论和机制进行了全面的综述。将雄性生殖器比喻为小型瑞士军刀，出自劳埃德的著作（1979b）第 22 页。瓦格（1979）描述了豆娘的精子消除。戴维斯（1983）在文中描述了林岩鹨泄殖腔啄食和精子喷射行为。

埃伯哈德所著（1996 年）、柏瑞迪和艾森伯格合著（2015 年）的两本书中，提出了通过隐秘的雌性选择来完成雌雄淘汰过程的证据。

爱情"快递"

范德雷登及其同事（1997）在文中提到了关于 Photinus 属萤火虫的生殖礼物的发现，随后索思及其同事（2008）发现日本的萤火虫也有同样的生殖礼物。

寻求完美的礼物

根据萤火虫进化的原因和结果，刘易斯和索思（2012）以及刘易斯及其同事（2014）描述了不同的生殖礼物。埃尔博及其同事（2011）报道了在奇异盗蛛中，将不能食用、没有价值的东西精心包装成礼物的雄性与献上真正的生殖礼物（死苍蝇）的雄性都成功获得了雌性的交配权。但是这种把戏一旦被拆穿，雌性会立即停止交配，所以这些雄性在精子战争中其实是弱势群体。化学生态学家托马斯·艾斯纳和杰罗尔德·迈沃尔德（1995）讲述了一个骇人听闻的故事，飞蛾从幼虫时期进食的植物中摄取有苦味的生物碱，雄性再将这些毒素作为生殖礼物转移到雌性体内。克尔妮（2006）阐明了蜗牛交配时发生的一些亲密行为。

雄性的两性经济学

克拉茨利及其同事(2003)证实了雄性萤火虫制作生殖礼物要付出非常大的代价。索思和刘易斯（2012）发现送出更大生殖礼物的雄性在亲子鉴定时会具有更大优势，因 为它们会有更大概率让雌性怀上它们的后代。

明亮之光和丰厚之礼对雌萤来说意味着什么？

为了展示当营养匮乏时一份生殖礼物的重要性，吉泽及其同事（2014）描述了一种住在洞穴里的巴西树虱雌性在争夺雄性生殖礼物的竞争中已经进化出射精器官。

正如刘易斯及其同事（2004）所讨论的那样，生殖礼物机制是萤火虫经济学中重要的一环，因为大部分萤火虫一旦长大就会停止进食。鲁尼和刘易斯（1999）提到了同位素标记实验，实验发现雌性使用雄性生殖礼物中的蛋白质来帮助产卵。鲁尼和刘易斯（2002） 发现雌性 Photinus ignitus 交配越频繁，产下的卵子数量越多。雌性 Photinus greeni 从生殖礼物中获得的另一优势是获得的生殖礼物越大，活得越久（South and Lewis 2012 ）。

克拉茨利和刘易斯（2003）发现 Photinus ignitus 雄萤的闪光时长和它们的精包大小存在一定联系，雌性可以通过雄性的闪光信号来预测它们能送出多大的生殖礼物。但是，Photinus greeni 不适用这一规律（Michaelidis et al. 2006 ）。

以下这篇短文描述了整个动物王国生殖礼物系统的惊天大发现：

Lewis, S. M., A. South, N. Al-Wathiqui,and R. Burns (2011). Quick guide: Nuptial gifts. *Current Biology* 21: 644 –45 .

布兰登·凯姆于情人节在《连线》杂志网站上发表了一篇精彩的文章，使用打破常规的方法来形容动物生殖礼物：

Keim, B. (2013, February 14). Freaky ways animals woo mates with gifts. *Wired*.

荷兰生物学家和科学作家蒙诺·希尔图则出版了两部内容丰富的作品，饱含热情， 条理清晰，用词幽默。《大自然的虚空》描述了藤壶、蛞蝓、 猿类等的生殖器， 解释了动物生殖器这一奇怪和不常见的发明在交配后的性选择影响下如何进化而来。他的早期著作《青蛙、苍蝇和蒲公英》讲述了新物种出现的思想史，阐述了雌雄淘汰在物种形成过程中扮演的角色。

Schilthuizen, M. (2014). *Nature's Nether Regions*. Viking, New York, NY. 256 pp.

Schilthuizen, M. (2001). *Frogs, Flies,and Dandelions*: *Speciation—The Evolution of New Species. Oxford* University Press, Oxford. 256 pp.

第五章　飞翔的梦想

进入环境界

生理学家雅各布·冯·乌克斯库尔写了一篇论文，探讨了不同动物的感官世界，并解释和说明了他的"环境界"概念（von Uexküll，1934）。希利及其 同事（2013）认为生物对时间的感知取决于其大小和代谢速率，并通过不同脊椎动物的系统发育对比来支撑这一观点。

雌雄二型：你的翅膀哪儿去了？

世界级专家特德·皮特施（2005）在一篇关于琵琶鱼的文章中，对它们的性行为进行了深入探索。索思及其同事（2011）报道了我们的发现，即雌萤的飞行能力与雄萤的生殖礼物有关。

荧光之王

圣约翰之夜和 Glow-worm 萤火虫的文化联系是在拉斐尔·德科克关于欧洲萤火虫生物学和行为的研究（De Cock 2009）中提到的。文中自传部分的素材是基于我在 2011 年和 2013 年对拉斐尔·德科克的采访。

拉斐尔·德科克认为，荧光素酶对蟾蜍来说是一种警告信号。德科克和玛瑟森（2005）提供的证据表明，欧洲非主流的雌性 Glow-worm 萤火虫使用信息素来吸引雄性。

幽灵荧光，幻影迷雾

弗里克-鲁珀特和罗森（2008）描述了蓝色幽灵萤火虫的自然历史与行为。引用的童话来自网络博客"蓝色冥后"的一篇文章，文章讲述了本尼·李·辛克莱和唐·刘易斯口中的南卡罗来纳州的萤火虫森林。

Blueghoster. *Saints, Sanctuaries, and The Blue Ghosts*. April 6, 2010.

蓝色幽灵萤火虫的科学报道来自德科克及其同事（2014）。索姆约特·斯拉隆博士告诉我 Lamprigera tenebrosus 雌萤的卵子守护行为。针对大场雌光萤（*Rhagophthalmus ohbai*，被认为是萤火虫的一类近亲）的研究发现，这种会发光、有卵子守护行为的雌性会释放一种会挥发的化学物质，以保护自己的卵子免于土地中微生物的侵蚀。（Hosoe et al.，2014）

进一步研究

加利福尼亚大学河滨分校的进化生物学家达芙妮·费尔贝恩在其权威之作中讲述了具体雌雄二型的物种产生巨大差异的根源和后果，其中包括象海豹、园蛛、藤壶和鮟鱇。

Fairbairn, D. J. (2013). *Odd Couples: Extraordinary Differences between the Sexes in the Animal Kingdom*. Princeton University Press, Princeton, NJ. 312 pages.

马特·西蒙在一篇文章中用大量的鮟鱇尸体照片（和一段视频）来描述鮟鱇的性行为。

Simon, M. (2013, November 8). Absurd creature of the week: the anglerfish and the absolute worst sex on Earth. *Wired*.

杜邦国家森林公园位于亨德森维尔和布雷瓦德之间的北卡罗来纳州，杜邦国家森林公园的历史在文中有所提及。这座森林公园占地 4 200 公顷，前身为杜邦公司制造工厂，5 月时这里是观赏蓝色幽灵萤火虫的好地方。

Summerville, D. (2011). Southern Lights: Blue Ghost Fireflies. *Our State:North Carolina*.

下面两篇文章描述了我们目前所知道的关于蓝色幽灵萤火虫的信息。2014 年那篇文章里附上了一段蓝色幽灵萤火虫交配的视频。

Frick-Ruppert, J., and J. Rosen (2008). Morphology and behavior of *Phausis reticulata* (Blue Ghost Firefly). *Journal of North Carolina Academy of Science* 124: 139-47.

De Cock, R., L. Faust, and S. M. Lewis (2014). Courtship and mating in *Phausis reticulata* (Coleoptera: Lampyridae): Male flight behaviors, female glow displays, and male attraction to light traps. *Florida Entomologist* 97: 1290 – 307.

第六章　闪光的来源

光的化学组合

威尔逊和黑斯廷斯（1998, 2013）的综述概述了生物发光的化学特性。荧光素酶的演绎源自大卫·古德塞尔于 2006 年 6 月在 RCSB 蛋白质数据库官网的月度分子栏目里发表的文章。

丹羽及其同事（2010）测量了萤火虫发光中的光量子产率是 40% ～ 60%。

萤火虫之光的进化

维维阿尼（2002）和大場裕一（2015）综述了关于甲虫的荧光素酶是如何进化而来的观点。大場裕一和他的同事（2008）测量了很多种不发光甲虫体内的荧光素酶含量。林奇（2007）描述了基因复制在蛇毒进化过程中的作用。达尔文具有预见性的关于"扩展适应"的说法出自《物种起源》（1859, p. 190）。

萤火虫开工了

萤火虫发光能力的实际应用参考了韦斯（1994）、罗塞利尼（2012）和安德鲁及其同事的研究（2013）。

Weiss, R. (1994, August 29). Researchers gaze into the (insect) light and gain answers. *Washington Post*, A3.

控制闪光

约翰·巴克的生平资料来自凯斯和汉森（2004）及《纽约时报》上刊登的讣告。

Pearce, J. (2005, April 3). John B. Buck, who studied fireflies' glow, is dead at 92. *New York Times*.

萤火虫发光器内部之旅

巴克（1948）和吉尔德利（1998）详细研究了萤火虫发光器的内部结构。海伦·吉尔德利不仅是一位萤火虫解剖学专家，还是一位技术娴熟的画家，其绘画作品能让其他人欣赏制造这绚烂光芒的内部构造。

找寻萤火虫之光的开关

特里默等人（2001）报道了我们的发现：一氧化氮在萤火虫光亮开关的控制中起着重要作用。吉尔德利和施密特（2008）提出了一个基于萤火虫气管解剖的氧气控制的补充假设。

同步协作

史密斯（1935）描述了在泰国发现的同步曲翅萤，尽管他并没有将这一现象与交配联系起来。

约翰·巴克和伊丽莎白·巴克的泰国之行为 Pteroptyx malaccae 如何控制同步发光的研究奠定了基础（Buck and Buck，1968）。伊丽莎白·巴克的引用来自科学实验室博客 "Emergence" 2005 年 2 月 18 日的节目。基于自己 50 年来关于萤火虫同步闪光机制的科学研究，约翰·巴克写了两篇文献综述（1938，1988）来阐述闪光同步性的不同生理机制。在 1988 年的文献中，他还提到了几种闪光同步的地理分布和分类分布。

科学机密

尼可·丁伯根（1907—1988）是一位荷兰的动物行为学家和鸟类学家，凭借在动物行为学上的重大发现获得 1973 年诺贝尔生理学或医学奖。尼可·丁伯根发表于 1963 年的著名论文要归功于在康拉德·洛伦茨 60 岁大寿上碰见了这位人生导师。我对这一学术"恩怨"的描述是基于我与吉姆·劳埃德和约翰·巴克两人的私下交谈和书信来往。约翰·巴克和伊丽莎白·巴克（1978）主要研究同步性如何为雄性整体带来好处，而吉姆·劳埃德（1973b）研究的是同步性为雄性个体和整体带来了什么好处。福斯特（2010）描述了雄性 Photinus carolinus 如何在有雌性接近时从同步闪光切换成随机闪光。凯斯（1980）描述了曲翅萤内部的行为交互特写。

进一步研究

关于生物发光性的更多信息

能自己发光的生物非常迷人。在 2009 年上映的科幻电影《阿凡达》中，编剧和导演詹姆斯·卡梅隆向我们完美展现了潘多拉星球上栖息着的具有生物发光特性的生命。这一领域的两位领军人物特雷瑟·威尔逊和伍迪·黑斯廷斯描述了一些物种的生物发光分子特性，其中就包括萤火虫：

Wilson, T., and J. W. Hastings (2013). *Bioluminescence: Living Lights, Lights for Living.* Harvard University Press, Cambridge, MA. 208 pp.

关于同步性的更多信息

以普通大众为读者群，著名数学家和获奖的科学传播者史蒂夫·斯托加茨解释了上千只萤火虫、心脏起搏细胞或超导体电子如何能在没有领头人的情况下作出高度的同步性行为。

Strogatz, S. H. (2003). *Sync: The Emerging Science of Spontaneous Order.* Hyperion Books, New York, NY. 338 pp.

生物学家迈克·格林菲尔德仔细研究了昆虫用来与同伴沟通的声学、化学、震动、视觉和生物发光信号。他还总结了雄性萤火虫、蟋蟀和蝉群体如何以及为什么要保持同步性。

Greenfield, M. (2002). *Signalers and Receivers: Mechanisms and Evolution of Arthropod Communication.* Oxford University Press, New York, NY. 432 pp.

广播试验台

2005 年 2 月 18 日，广播试验台播客介绍了个体遵循一些简单的规则就可以作出复杂的群体行为，例如萤火虫的同步发光。这一期采访了生物学家约翰·巴克和伊丽莎白·巴克，以及数学家史蒂夫·斯托加茨。

第七章 砒霜蜜糖

昆虫的爱情

托马斯·艾斯纳的语录大部分源自 2000 年他在"故事之网"在线知识库网站（见进一步研究部分）上的采访视频或 2003 年 NPR 电视台的采访，其他则来自我在 2008 年前往康奈尔大学与艾斯纳见面的访谈记录。

Eisner, T. (2003). Interviewed by Robert Siegel on *All Things Considered*, National Public Radio, November 18, 2003.

萤火虫早餐？不，不！

除了"故事之网"上的视频，艾斯纳在畅销科普书《昆虫之爱》（Eisner，2003）中提到了他的宠物鸟 Phogel 的故事。

吉姆·劳埃德搜集了一百多年来关于哪些生物吃萤火虫、哪些不吃的轶事证据（Lloyd，1973）。奈特及其同事（1999）详细讲述了鬃狮蜥属蜥蜴被可怕的萤火虫谋害的案例。蝙蝠研究（Moosman et al.，2009）是在 2007 年的白鼻综合征 —— 一种让美国东部蝙蝠成批死亡的疾病——爆发前进行的。

化学武器

托马斯·艾斯纳及其同事（1978）最先发现在三种 Photinus 属萤火虫成虫体内

存在一种名为萤蟾素的化学防御武器，这种武器能让甾体吡喃酮出现不同的口味。日间活动的 Lucidota atra 萤火虫成虫（Gronquist et al.，2006）和大萤火虫幼虫（Tyler et al.，2008）体内也有萤蟾素。戴（2011）对萤火虫防御进行了综述。

高及其同事（2011）总结了蟾蜍二烯羟酸内酯药品的治疗潜力，柏努尔斯等人（2013）讨论了 35 种此类化合物的抗肿瘤活性。

多层次的防御战略

布卢姆和赛纳斯（1974）第一次在文中提到北斗七星萤火虫存在反射出血行为，后来，同样的现象被发现存在于其他萤火虫属，包括 Pyrocoelia、Luciola 和 Lucidina。付新华及其同事（2007）记录了 Luciola leii 幼虫弹出式的防御腺体，后来付新华等人（2009）又在其他几类萤火虫中发现了同样的现象。刘易斯等人（2012）探索了大雾山萤火虫表演的黑暗面。

警示牌的进化之旅

阿尔弗雷德·拉塞尔·华莱士在热带地区从事野外工作多年，这有助于他对警戒色的理解，在这一点上，他比达尔文的造诣更深。他在 1867 年发表的文章中描述了隐藏色、警告信号和拟态。华莱士在其 1889 年关于自然选择的一本书（p. 232）中使用了"危险的旗子"一词。达尔文的话出自他 1867 年 2 月 26 日从其故居写给华莱士的一封书信（F. Darwin 1887, p. 94）。

德科克和玛特瑟森（2001）认为，萤火虫的色彩图案是对紫翅椋鸟的一种警告信号。其他研究也表明了荧光在帮助蟾蜍（De Cock and Matthysen，2003）、老鼠（Underwood et al.，1997）、蜘蛛（Long et al.，2012）和蝙蝠（Moosman et al.，2009）的回避学习上发挥了重要作用。

长相一样：美食还是毒药？

贝茨写了大量关于他的旅行和自然历史观察的文章（见"进一步研究"）。

引文来自他 1862 年发表的关于亚马孙河流域蝴蝶的拟态行为的研究论文（Bates，1862, 507）。

图 7.3 的萤火虫拟态照片中，从左上开始顺时针依次为：

- 蟑螂（约翰·哈特戈瑞克摄）；
- 斑蝥（迈克·奎因摄 ）；
- 天牛（帕特里克·科因摄）；
- 红萤（盖尔和吉勒尔·斯蒂克兰德摄）；
- 飞蛾（希利·斯卡拉家辛哈姆摄）；
- 花萤（帕特里克 ·科因摄）。

萤火虫吸血鬼

劳埃德（1965， 1975， 1984）描述了 Photuris 属萤火虫的攻击拟态。托马斯·艾斯纳及其同事（1997）指出，雌性 Photuris 属萤火虫会将猎物体内的有毒萤蟾素占为己有，储存起来用于自我防御。虽然 Photuris 属萤火虫的大部分毒素是从猎物身上摄取的，但是研究发现一些实验室人工饲养的 Photuris 属萤火虫，它们从来没有机会接触到 Photinus 属萤火虫猎物，其体内却发现了少量萤蟾素。安德烈斯·冈萨雷斯及其同事（1999）指出，Photuris 属萤火虫幼虫有一种内生的化 学武器——甜菜碱，可以转移到成虫体内，一定程度上能帮助它们抵御天敌的袭击。他们还发现，雌性萤火虫会将从猎物体内摄取的高浓度萤蟾素转移给卵子。

劳埃德和温（1983）、伍兹及其同事（2007）描述了 Photuris 属萤火虫的攻击行为，福斯特及其同事（2012）描述了这些夜间小偷的偷窃寄生行为。

进一步研究

关于托马斯·艾斯纳的更多信息

"故事之网"，该在线知识库网站上有当代伟大科学家的采访视频，托马斯·艾

斯纳就是其中之一 。视频中，他谈到了自己的生活和工作。在视频"为什么昆虫学家要吃虫子：一只萤火虫的故事"中，艾斯纳讲述了他和宠物鸟 Phogel 是如何发现化学武器帮助萤火虫抵御进攻者入侵的。

艾斯纳极具传播天赋，在 2003 年出版的书中，他用诙谐幽默的语言介绍了化学生态学领域的诸多探索，并通过他在考察时拍摄的照片进行了生动的展示。

Eisner, T. (2003) . *For Love of Insects*. Belknap Press of Harvard University Press, Cambridge, MA. 464 pp.

小零食：萤火虫为猎物

基于莎拉·刘易斯、琳恩·福斯特和拉斐尔·德科克的研究，刘易斯实验室拍摄的短片展示了在野外观察环境下，萤火虫遭受蜘蛛、虫子和 Photuris 属雌萤袭击的过程，格瑞夫·斯特提供音轨文件，科学家兼音乐家拉斐尔·德科克负责旁白。

关于警示和拟态的更多信息

鲁克斯顿及其同事提供了一个重要且易懂，虽然听起来有点专业的对动物隐藏色、警示信号和拟态的解释。

Ruxton, G. D., T. N. Sherratt, and M. P. Speed (2004). *Avoiding Attack:The Evolutionary Ecology of Crypsis,Warning Signals, and Mimicry*. Oxford University Press, Oxford.

英国博物学家和昆虫收集者亨利·沃尔特·贝茨编写的经典编年史于 1863 年首次出版，风靡 19 世纪，阅读此书，就如跟着作者的足迹走过整个亚马孙平原。贝茨涉猎广泛，知识渊博，对自然史、地理、民族志都有研究。他的一位崇拜者——查尔斯·达尔文评价这本书为"英国历史上最伟大的自然史经典"。一百多年过去了，它依旧是自然写作的抒情文体效仿的样本。

Bates, H. W. (2009). *The Naturalist on the River Amazon*. Cambridge University Press, Cambridge, UK.

第八章 为萤火虫熄灯?

暗淡的夏日

肯俄吉（1993）提到了佛罗里达州的萤火虫数量正在减少。一个得克萨斯休斯敦的人身伤害律师和萤火虫爱好者唐纳德·雷·伯格建立并维护着一个萤火虫网站。该网站提供了很多有用的萤火虫信息。从 1996 年开始，伯格就开始收集来自北美各地的关于萤火虫数量的报告并公布在网站上。

Keneagy, B. (1993, September 25). Lights out for firefly population. *Orlando Sentinel*.

泰国萤火虫数量的减少预测来自凯茜（2008）和新唐人电视台关于泰国南部湄公河流域萤火虫数量减少的新闻报道。

Casey, M. (2008, August 30) Lights out? Experts fear fireflies are dwindling. *USA Today*.

New Tang Dynasty Television (2009, June 10). *Fireflies' spectacle coming to an end.* (Video file).

不断消失的乐土

吉姆·劳埃德关于休斯敦萤火虫的消失的引文源自格罗斯曼（2000）的一则新闻故事。

Grossman, W. (2000, March 2). Fireflies are disappearing from the night sky. *Houston Press*.

祖索和哈希姆（2012）描述了红树林的减少如何危及马来西亚同步萤火虫。山茶罗仁（2012）讨论了泰国萤火虫旅游业和保护。

黄仕儒在个人博客里提供了正确观看马来西亚萤火虫的建议。他的引用源自一次对萨米拉·甘山（2010）的采访。

Ganesan, S. (2010, February 16). Keeping the lights on. *The Star Online*.

淹没在灯光里

戴维·欧文（2007）在文章中提到了国际暗天协会。

Owen, D. (2007, August 20). The dark side: Making war on light pollution. *New Yorker*.

伊内钦和鲁蒂曼（2012）解释了人造灯光是如何影响欧洲 Glow-worm 萤火虫的。里奇和朗克瑞（2006）探讨了人造灯光的生态环境效益，包括对鸟类的巢穴选择和繁殖成功率、蝾螈的行为和生理变化的影响。其中一章中，吉姆·劳埃德推测杂散光会影响到萤火虫。

萤火虫赏金计划

皮尔瑞伯恩和格鲁伯（2005, p. 101）复制了一张照片，照片拍摄于约翰·霍普金斯大学"分子生物学革命之前"，照片里威廉·麦克尔罗伊坐在一大堆捕获的萤火虫旁边，准备提炼荧光素酶。我见过几个小时候为麦克尔罗伊收集萤火虫的人，他们仍然记得小时候在巴尔的摩的夜里奔跑追逐，抓萤火虫，第二天拿去换零花钱。

《芝加哥论坛报》曾在 1987 年报道过西格玛化学公司的萤火虫收集活动，瓦莱丽·莱特曼于 1993 年在《华尔街日报》上也发表过类似的报道。在网上搜索"萤火虫科学家俱乐部"一词，会出现很多旧报纸广告，募集人手收集萤火虫以进行商业销售。

United Press International (1987, August 24). Pennies from heaven for firefly catchers. *Chicago Tribune*.

Reitman, V. (1993, September 2). Scientists are abuzz over the decline of the gentle firefly. *Wall Street Journal*. A1.

直到 2015 年，西格玛奥德里奇化学公司网站上还有很多萤火虫衍生产品。

吉尔伯特（2003）描述了田纳西州摩根县的萤火虫收集活动，领导者是来自加利福尼亚惠蒂尔的牧师德怀特·沙利文。根据奥丹尼尔（2014）的报道，2014 年夏天，沙利文为每一百只活的萤火虫支付两美金酬劳。在鲍尔等人（2013）的研究基础上，我们开发了一个模型来预测在不同的收集强度下，萤火虫数量能否保持。

Gilbert, K. (2003, June 20). Fireflies light the way for this pastor. *United Methodist Church News.*

O'Daniel, R. (2014, July 16). Blicking bucks: Scientists will pay for summer's glow. *Morgan County News.*

其他危害

农药使用率的估计值来自 Beyond Pesticide 网站，该网站提供了农药对于人类健康和环境影响的情况说明书、新闻和倡导。

Beyond Pesticides Fact Sheet (August 2005). *Lawn Pesticides Facts and Figures.*

李基烈及其同事（2008）提出了一个复杂的研究，通过实验测量农药和化肥对处于不同生命周期的亚洲常见萤火虫水栖萤火虫（现更名为平家萤）的影响。整个幼虫时期，这种萤火虫都在水下生活。通过分析萤火虫数量减少的时间过程，（遊磨正秀，1993）指出，稻田农药使用量的增加是导致日本萤火虫数量下降的一个因素。非常感谢我曾经的学生、现在的同事雷·卡梅达帮我翻译日文资料。

萤火虫，来吧！

埃里克·劳伦特（2001）和河原明人（2007）非常好地诠释了日本人对虫子的喜爱之情。遊磨正秀（1993）、大场（2004）和大場及其同事（2011）描述了萤火虫在日本文化中的特殊地位。

小泉八云（1850—1904）是日本著名的作家、翻译家，以及日本文化生活的诠释者。本文引用了他 1902 年创作的《萤火虫》，其于 1992 年被艾伦和威尔逊重新收录在小泉八云的文集中（94-188 页）。

遊磨正秀（1995）追溯了宇治市的萤火虫的历史。遊磨正秀和堀（1981）描述了源氏萤午夜产卵行为。东京萤火虫节现在于每年 5 月举办。

Spacey, J. (2012, June 14). Hotaru Festival: A light spectacular in Tokyo. *Japan Talk*.

据井口（2009）报道，每年夏天都会举办萤火虫节的长野县辰野町的萤火虫已经受到外来的人工饲养的源氏萤的物种入侵。

进一步研究

《甲虫女王征服东京》是杰西卡·奥雷克于 2009 年导演和制作的一部纪录片，该片展示了日本人对昆虫，特别是甲虫的热情。

这部短片介绍了东京萤火虫节，片中墨田河上布置着人造萤火虫装饰，一路沿河流向市中心。

2010 年，马来西亚雪兰莪发布了由国际萤火虫专家团队起草的萤火虫保护声明，2014 年进行了更新。

国际暗天协会，该非营利性组织旨在向全世界传播光污染信息，提供资源保护黑夜。

北美常见萤火虫野外指南

爱德华·威尔逊的引用出自威尔逊（1984）第 139 页。感谢摄影师慷慨提供本节中的萤火虫图片：Photinus 属、Photuris 属和 Ellychnia 属萤火虫由 Croar.net 提供；Pyractomena angulata 由斯蒂芬·克雷斯韦尔提供；Pyractomena borealis 由理查德·米格里尔特提供； Lucidota atra 由帕特里克 ·科因提供。

以下几部非常不错的甲虫鉴别指南，有助于将萤火虫和其他长相相似的甲虫区分开来：

White, R. E. (1998). *A Field Guide to the Beetles of North America*. Houghton Mifflin Harcourt, New York, NY.

Evans, A. V. (2014). *Beetles of Eastern North America*. Princeton University Press, Princeton, NJ.

全球萤火虫指南

很多地区已经出版了当地萤火虫族群的野外指南，包括中国、葡萄牙和日本。

De Cock, R., H. N. Alves, N. G. Oliveira, and J. Gomes (2015). *Fireflies and Glow-Worms of Portugal (Pirilampos de Portugal)*. Parque Biologico de Gaia, Avintes, Portugal. 80 pp. (in Portuguese and English).

Fu, X. (2014). *Ecological Atlas of Chinese Fireflies*. Commercial Press, Beijing. 167pp. (in Chinese).

Ohba, N. (2004). *Mysteries of Fireflies* (Hotaru Tenmetsu no Fushigi).Yokosuka City Museum, Yokosuka, Japan (in Japanese).

Vor, Y. (2012). *Fireflies of Hong Kong*. Hong Kong Entomological Society, Hong Kong. 117 pp. (in Chinese).

令人惊讶的是，到目前为止还没有任何关于北美萤火虫全面的野外指南，但是以下的资源非常有用：

Faust, L. (2017). *Fireflies, Glow-worms, and Lightning Bugs! Natural History and a Guide to the Fireflies of the Eastern US and Canada*. University of Georgia Press, Athens.

Lloyd, J. E. (1966). Studies on the flash communication systems of *Photinus* fireflies. *University of Michigan Miscellaneous Publications* No. 130.

Luk, S.P.L., S. A. Marshall, and M. A. Branham (2011). The fireflies (Coleoptera: Lampyridae) of Ontario. *Canadian Journal of Arthropod Identification*.

Majka, C. G. (2012). The Lampyridae (Coleoptera) of Atlantic *Canada. Journal of the Acadian Entomological Society* 8: 11 –29.

术语表

攻击拟态：一种进化出来的适应行为，捕食者通过模拟某种无害的形态或者行为来接近猎物。

警示牌：任何有毒猎物发出的声光视觉或者气味的组合，用于捕食者行动前先行逼退敌人。

三磷酸腺苷（ATP）：一种用来储存和运输活细胞内能量的分子。

贝茨拟态：一种由自然选择驱动的进化现象，在这种现象中，一种可口的物种通过复制一种有毒物种用以保护自己的警示信号来抵御天敌。

生物鉴定：将活体动物的反应作为示值度数的一种实验；例如，这种实验被用于检测某种捕食者是否受到了某种特定化学品的干扰。

蟾蜍二烯羟酸内酯：很多植物和一些动物（蟾蜍、萤火虫）产生的一类有毒化学品，用于抵御外敌。最早于 1933 年从埃及海葱中提取出，在低剂量下，这些类固醇可以用作心脏强心药和抗癌剂。

鞘翅目：甲虫，是最大的昆虫目，占地球上所有已知生物种类的 25%。所有的甲虫在一生中都要经历完全变态阶段，外形、生活习性和栖息地会发生巨大的变化。

Ellychnia 属：北美不发光的萤火虫中的常见种类，和 Photinus 属发光萤火虫非常亲密。成虫在白天飞舞，不会发光。

鞘翅：甲虫的前翅，进化成坚硬的壳甲以保护用于飞行的双翅。

酶：促进或者加速一种化学反应的大型蛋白质。

扩展适应：最初是用于为所有者提供某种优势，与如今的功能截然不同。

萤科：所有萤火虫都属于此类的一个甲虫科。

幼虫：昆虫特有的幼年时期，萤火虫在幼年时期非常贪食，生活在地下或者水底。

求偶场：雄性进行求偶展示、雌性前来选择配偶的群聚场地。

萤蟾素：有些萤火虫制造的有毒化学物质，用于抵御捕食者。

荧光素酶：用于指代一群加速发光行为的酶的通用术语。

荧光素：生物自发光器官中一群会发光的复合物的通用术语。在酶起到催化作用的化学反应中，荧光素进入受激状态发出光线。

线粒体：在所有真核细胞中（包括动物、植物和真菌）发现的能量工厂，这些多细胞器负责生产 ATP。

缪勒拟态：由自然选择驱动的一种进化现象。两个或更多有毒种类通过使用同一种信号来击退进攻者，从而看上去外形相似。

自然选择：当某种遗传特性（可能是解剖学、生物化学、生理学或者行为学）在个体身上发生了变异，为了让自己存活下去或者继续繁衍而进行的进化过程。

一氧化氮：用于在细胞间传递信息的小分子。

过氧化物酶体：细胞里的小细胞器，在萤火虫体内，该细胞器位于发光细胞体内，储藏着发光的材料。

信息素：用于在同一种族的成员之间传递信息的化学信号。

Photinus 属：北美发光萤火虫常见品种，雄性萤火虫经常被具有捕猎习性的"蛇蝎美人"雌性吃掉。

发光细胞：专门用于发光的细胞，在萤火虫体内，它们位于被称为发光器的器官内。

Photuris 属：北美发光萤火虫常见品种，雌性是具有捕猎习性的"蛇蝎美人"。

种系发生学：基于活着的生物和已灭绝的生物之间的历史关系的推断，对进化过程进行研究的一门学问。

生理学：对生物体如何实现功能的科学研究，一般是以细胞、器官或整个生物体为单位。

前胸背板：一种类似平板的盾牌，覆盖着萤火虫的头部。

蛹：昆虫生命周期中介于幼虫和成虫之间的一个阶段。

雌雄二型：一个种族中雄性和雌性在体型大小或者外表上表现出的差异。

雌雄淘汰：一种自然选择，个体在吸引异性为求偶受精的竞争中表现出的差异性。

味道差：有毒、恶心或者味道不好。

参考文献 [1]

[1] Albo, M.J., G. Winther, C.Tuni, S.Toft, and T. Bilde(2011). Worthless donations: Male deception and female counterplay in a nuptial gift-giving spider. *BMC Evolutionary Biology*. 11: 329.

[2] Allen, L ., and J. Wilson, editors (1992) . *Lafcadio Hearn:Japan's Great Interpreter; A New Anthology of His Writings 1894-1904*. Japan Library, Sandgate, Kent, UK.

[3] Andreu, N., et al. (2013). Rapid in-vivo assessment of drug efficacy against Mycobacterium tuberculosis using an improved firefly luciferase. *Journal of Antimicrobial Chemotherapy* 68:2118-27.

[4] Banuls, L.M.Y., E.Urban, M. Gelbcke, F.Dufrasne, B.Kopp, R.Kiss, and M.Zehl (2013). Structure-activity relationship analysis of bufadienolide-induced in vitro growth inhibitory effects on mouse and human cancer cells. *Journal of Natural Products* 76:1078-84.

[5] Barber, H.S. (1951). North American fireflies of the genus *Photuris. Smithsonian Miscellaneous Collection* 117, no. 1. 58 pp.

[6] Bates, H.W. (1862). Contributions to an insect fauna of the Amazon Valley. Lepidoptera: Heliconidae. *Transactions of the Linnaean Society* (London) 23 (3) : 495-566.

[7] Bauer, C.M., G.Nachman, S.M.Lewis, L.Faust, and J.M.Reed (2013). Modeling effects of harvest on firefly population persistence. *Ecological Modelling* 256:43-52.

---

1. 为了方便读者查询，参考文献以英文原著为准。——编者注

［8］Blum M.S., and A.Sannasi (1974). Reflex bleeding in the lampyrid *Photinus pyralis*: defensive function. *Journal of Insect Physiology* 20:451-60.

［9］Branham, M.A. (2005). Firefly Communication. pp. 110-12 In : M. Licker, E.Geller, J.Weil, D.Blumel, A.Rappaport, C.Wagner, and R.Taylor (eds.) *The McGraw-Hill 2005 Yearbook of Scienceand Technology*. McGraw-Hill, New York, NY.

［10］Branham, M.A., and M.Greenfield (1996). Flashing males win mate success. *Nature* 381:745-46.

［11］Branham M.A., and J.W.Wenzel (2001). The evolution of bioluminescence in cantharoids(Coleoptera: Elateroidea). *Florida Entomologist* 84 : 565-86.

［12］Branham. M.A., and J.Wenzel (2003). The origin of photic behavior and the evolution of sexual communication in fireflies. *Cladistics* 19 : 1-22.

［13］Buck, J.B. (1937). *Studies on the Firefly*. PhD thesis, Johns Hopkins University, Baltimore, MD.

［14］Buck, J.B. (1938). Synchronous rhythmic flashing of fireflies. *Quarterly Review of Biology* 13:301-14.

［15］Buck, J.B. (1948). The anatomy and physiology of the light organ in fireflies. *Annals of the New York Academy of Sciences* 49:397-482.

［16］Buck, J.B. (1988). Synchronous rhythmic flashing of fireflies II. *Quarterly Review of Biology* 65:265-89.

［17］Buck, J.B., and E. Buck (1968). Mechanism of rhythmic synchronous flashing of fireflies. *Science* 159:1319-27.

［18］Buck, J.B. , and E. Buck (1978) . Toward a functional interpretation of synchronous flashing by fireflies. *American Naturalist*. 112:471-92.

［19］Carson, R. (1965). *The Sense of Wonder*. Harper and Row, New York, NY.

［20］Case, J.F. (1980). Courting behavior in a synchronously flashing, aggregative firefly, *Pteroptyx tener. Biological Bulletin* 159 : 613-25.

[21] Case, J., and F. Hanson (2004). The luminous world of John and Elisabeth Buck. *Integrative and Comparative Biology* 44: 197-202.

[22] Cratsley,C.K., and S.M.Lewis (2003). Female preference for male courtship flashes in *Photinus ignitus fireflies. Behavioral Ecology* 14: 135-40.

[23] Cratsley,C.K., and S.M.Lewis (2005). Seasonal variation in mate choice of *Photinus ignitus fireflies. Ethology* 111:89-100.

[24] Cratsley,C.K., J.Rooney, and S.M.Lewis (2003). Limits to nuptial gift production by male fireflies, *Photinus ignitus. Journal of Insect Behavior* 16:361-70.

[25] Darwin,C.R. (1859). *The Origin of Species by Means of Natural Selection, or the Preservation of Favoured Races in the Struggle for Life.* John Murray, London.

[26] Darwin,C.(1871). *The Descent of Man and Selection in Relation to Sex.* John Murray, London.

[27] Darwin,F., editor (1887). *The Life and Letters of Charles Darwin, Including an Autobiographical Chapter.* John Murray, London.

[28] Davies,N. (1983) . Polyandry, cloaca-pecking and sperm competition in dunnocks. *Nature* 302:334-36.

[29] Day,J.C. (2011). Parasites, predators, and defence of fireflies and glow-worms. *Lampyrid* 1:70-102.

[30] De Cock, R. (2009). Biology and behaviour of European lampyrids. pp. 161–200. In: V.B.Meyer-Rochow (ed.) *Bioluminescence in Focus—A Collection of Illuminating Essays.* Research Signpost, Kerala, India.

[31] De Cock,R., and E.Matthysen (2001). Do glow-worm larvae (Coleoptera: Lampyridae) use warning coloration? *Ethology* 107:1019-33.

[32] De Cock R., and E.Matthysen (2003). Glow-worm larvae bioluminescence (Coleoptera : Lampyridae) operates as an aposematic signal upon toads (*Bufo bufo*). *Behavioral Ecology* 14 : 103-8.

［33］ De Cock R., and E.Matthysen (2005). Sexual communication by pheromones in a firefly, *Phosphaenus hemipterus* (Coleoptera: Lampyridae). *Animal Behaviour* 70:807-18.

［34］ De Cock,R., L.Faust, and S.M.Lewis (2014). Courtship and mating in Phausis reticulata (Coleoptera: Lampyridae): Male flight behaviors, female glow displays, and male attraction to light traps. *Florida Entomologist* 97 : 1290-1307.

［35］ Demary,K., C.Michaelidis, and S.M.Lewis (2006). Firefly courtship: Behavioral and morphological predictors of male mating success in *Photinus greeni. Ethology* 112:485-92.

［36］ Eberhard, W.G. (1996). *Female Control: Sexual Selection by Cryptic Female Choice*. Princeton University Press, Princeton, NJ. 472 pp.

［37］ Eisner,T. (2003). *For Love of Insects*. Belknap Press of Harvard University Press, Cambridge, MA. 464 pp.

［38］ Eisner,T., M.A.Goetz, D.E.Hill, S.R.Smedley, and J.Meinwald (1997). Firefly "femme fatales" acquire defensive steroids (lucibufagins) from their firefly prey. *Proceedings of the National Academy of Sciences USA* 94:9723-28.

［39］ Eisner,T., and J.Meinwald (1995) . The chemistry of sexual selection. *Proceedings of the National Academy of Sciences USA* 92:50-55.

［40］ Eisner,T., D.F.Wiemer, L.W.Haynes, and J.Meinwald (1978). Lucibufagins: Defensive steroids from the fireflies *Photinus ignitus and P. marginellus* (Coleoptera: Lampyridae). *Proceedings of the National Academy of Sciences USA* 75 : 905 –8.

［41］ Faust,L. (2010) . Natural history and flash repertoire of the synchronous firefly *Photinus carolinus* in the Great Smoky Mountains National Park. *Florida Entomologist* 93: 208-17.

［42］ Faust,L. (2012) . Fireflies in the snow: Observations on two early-season arboreal fireflies *Ellychnia corrusca and Pyractomena borealis. Lampyrid* 2:48 –71.

［43］Faust,L., S.M.Lewis, and R. De Cock (2012) . Thieves in the night: Kleptoparasitism by fireflies in the genus *Photuris* (Coleoptera: Lampyridae) . *Coleopterists Bulletin* 66:1-6.

［44］Fender, K.M. (1970) . *Ellychnia of* western North America (Coleoptera: Lampyridae). *Northwest Science* 44:31-43.

［45］Fisher, R.A. (1930). *The Genetical Theory of Natural Selection.* Clarendon Press, Oxford.

［46］Frick-Ruppert, J., and J. Rosen (2008) . Morphology and behavior of *Phausis reticulata* (Blue Ghost Firefly). *Journal of North Carolina Academy of Science* 124: 139-47.

［47］Fu, X., V.Meyer-Rochow, J.Tyler, H.Suzuki, and R.De Cock (2009). Structure and function of the eversible organs of several genera of larval firefly (Coleoptera: Lampyridae). *Chemoecology* 19:155 –68.

［48］Fu, X., F.Vencl, N.Ohba, V.Meyer-Rochow, C.Lei, and Z.Zhang (2007). Structure and function of the eversible glands of the aquatic firefly *Luciola leii* (Coleoptera:Lampyridae). Chemoecology 17:117-24.

［49］Gao, H., R.Popescu, B.Kopp, and Z.Wang (2011). Bufadienolides and their antitumor activity. *Natural Product Reports* 28:953-69.

［50］Ghiradella, H. (1998). Anatomy of light production: The firefly lantern. In: F. W. Harrison and M. Locke (eds.) *Microscopic Anatomy of Invertebrates*, Volume 11A: *Insecta*. Wiley-Liss, New York, NY.

［51］Ghiradella, H., and J.T.Schmidt (2008). Fireflies: Control of flashing. pp. 1452-63. In: J. Capinera (ed.) *Encyclopedia of Entomology.* Springer, New York, NY.

［52］González, A., J.F.Hare, and T.Eisner (1999). Chemical egg defense in *Photuris* firefly "femmes fatales." *Chemoecology* 9:177-85.

［53］Goodenough, U. (1998). *The Sacred Depths of Nature*. Oxford University Press, New York, NY. 224 pp.

［54］Green, J.W. (1956). Revision of the Nearctic species of *Photinus* (Coleoptera: Lampyridae). *Proceedings of the California Academy of Sciences Series* 4, Vol. 28: 561–13.

［55］Green, J.W. (1957). Revision of the Nearctic species of *Pyractomena* (Coleoptera: Lampyridae). *Wasmann Journal of Biology* 15:237-84.

［56］Greenfield,M. (2002). *Signalers and Receivers: Mechanisms and Evolution of Arthropod Communication*. Oxford University Press, New York, NY.

［57］Gronquist, M., F.C.Schroeder, H. Ghiradella, D.Hill, E.M.McCoy, J.Meinwald, and T.Eisner (2006). Shunning the night to elude the hunter: Diurnal fireflies and the "femmes fatales." *Chemoecology* 16:39-43.

［58］Gwynne D.T., and D.Rentz (1983). Beetles on the bottle: Male buprestids mistake stubbies for females (Coleoptera). *Australian Journal of Entomology* 22: 79- 80.

［59］Healya, K., L.McNally, G.D.Ruxton, N.Cooper, and A.Jackson (2013). Metabolic rate and body size are linked with perception of temporal information. *Animal Behaviour* 86: 685-96.

［60］Hosoe, T., K.Saito, M.Ichikawa, and N.Ohba (2014). Chemical defense in the firefly *Rhagophthalmus ohbai* (Coleoptera: Rhagophthalmidae). *Applied Entomology and Zoology* 49: 331-35.

［61］Iguchi,Y. (2009). The ecological impact of an introduced population on a native population in the firefly *Luciola cruciata* (Coleoptera: Lampyridae). *Biodiversity and Conservation* 18: 2119-26.

［62］Ineichen, S., and B.Rüttimann (2012). Impact of artificial light on the distribution of the common European glow-worm, *Lampyris noctiluca*. *Lampyrid* 2: 31 –36.

［63］Jusoh, W.F.A.W., and N.R.Hashim (2012). The effect of habitat modification on firefly populations at the Rembau-Linggi estuary, Peninsular Malaysia. *Lampyrid* 2: 149 –55.

[64] Kawahara, A. (2007). Thirty-foot telescopic nets, bug-collecting video games, and beetle pets: Entomology in modern Japan. *American Entomologist* 53: 160-72.

[65] Knight, M., R.Glor, S.R.Smedley, A. González, K.Adler, and T.Eisner (1999). Firefly toxicosis in lizards. *Journal of Chemical Ecology* 25 (9):1981 –86.

[66] Koene, J. (2006). Tales of two snails: Sexual selection and sexual conflict in *Lymnaea stagnalis* and *Helix aspersa*. *Integrative and Comparative Biology* 46: 419- 29.

[67] Laurent, E. (2001). Mushi. *Natural History* (March):70-75.

[68] Lee, K., Y.Kim, J.Lee, M.Song, and S.Nam (2008). Toxicity to firefly, *Luciola lateralis*, of commercially registered insecticides and fertilizers. *Korean Journal of Applied Entomology* 47:265-72 (in Korean).

[69] Lewis, S.M. (2009). Bioluminescence and sexual signaling in fireflies. In: V. B. Meyer-Rochow (ed.) *Bioluminescence in Focus—A Collection of Illuminating Essays*. Research Signpost, Kerala, India.

[70] Lewis, S.M., and C.K. Cratsley (2008). Flash signal evolution, mate choice and predation in fireflies. *Annual Review of Entomology* 53:293-321.

[71] Lewis, S.M., C.K. Cratsley, and J. A. Rooney (2004). Nuptial gifts and sexual selection in *Photinus fireflies. Integrative and Comparative Biology* 44 : 234-37.

[72] Lewis, S.M., L.Faust, and R.De Cock (2012) . The dark side of the Light Show: Predation on fireflies of the Great Smokies. *Psyche*.

[73] Lewis, S.M., and A.South (2012). The evolution of animal nuptial gifts. *Advances in the Study of Behavior* 44:53-97.

[74] Lewis, S.M., K.Vahed, J.M.Koene, L.Engqvist, L.F.Bussière, J.C.Perry, D.Gwynne, and G.U.C. Lehmann (2014). Emerging issues in the evolution of animal nuptial

gifts. *Biology Letters* 10 : 20140336.

［75］ Lewis, S.M., and O.Wang (1991). Reproductive ecology of two species of *Photinus* fireflies (Coleoptera: Lampyridae). *Psyche* 98 : 293-307.

［76］ Lloyd, J.E. (1965). Aggressive mimicry in *Photuris*: Firefly *femmes fatales*. *Science* 149:653-54.

［77］ Lloyd, J.E. (1966). Studies on the flash communication system in *Photinus* fireflies. *University of Michigan Miscellaneous Publications* 130 : 1-95.

［78］ Lloyd, J. E. (1972) . Chemical communication in fireflies. *Environmental Entomology* 1:265-66.

［79］ Lloyd, J. E. (1973a). Firefly parasites and predators. *Coleopterists Bulletin* 27: 91-106.

［80］ Lloyd,J.E. (1973b). Model for the mating protocol of synchronously flashing fireflies. *Nature* 245:268-70.

［81］ Lloyd,J.E. (1975). Aggressive mimicry in *Photuris* fireflies: Signal repertoires by *femmes fatales*. *Science* 187: 452-53.

［82］ Lloyd J.E. (1979a). Sexual selection in luminescent beetles. pp. 293-342. In: M. S.Blum and N. A. Blum (eds.) *Sexual Selection and Reproductive Competition in Insects*. Academic Press, New York, NY. 463 pp.

［83］ Lloyd,J.E. (1979b). Symposium: Mating behavior and natural selection. *Florida Entomologist* 62:17 –34.

［84］ Lloyd,J.E. (1984). On the occurrence of aggressive mimicry in fireflies. *Florida Entomologist* 67:368-76.

［85］ Lloyd,J.E. (2000). On research and entomological education IV : Quantifying mate search in a perfect insect-seeking true facts and insight （Coleoptera: Lampyridae, *Photinus) Florida Entomologist* 83 : 211-28.

［86］ Lloyd,J.E. (2002). Family 62: Lampyridae. pp. 187-96. In: R. H. Arnett, M. C. Thomas, P. E. Skelley, and J. H. Frank (eds.) *American Beetles*, Volume II: *Polyphaga*:

Scarabaeoidea through Curculionoidea. CRC Press, Boca Raton, FL.

[87] Lloyd,J.E. (2008). Fireflies (Coleoptera: Lampyridae). pp 1429-52. In :J. L. Capinera (ed.) *Encyclopedia of Entomology*. Springer, New York, NY.

[88] Lloyd,J.E., and S. Wing (1983). Nocturnal aerial predation of fireflies by light-seeking fireflies. *Science* 222: 634-35.

[89] Long, S.M., S.Lewis, L.Jean-Louis, G.Ramos, J.Richmond, and E.M. Jakob(2012). Firefly flashing and jumping spider predation. *Animal Behaviour* 83: 81-86.

[90] Lynch, V.J. (2007). Inventing an arsenal: Adaptive evolution and neofunctionalization of snake venom phospholipase A2 genes. *BMC Evolutionary Biology* 7 (2).

[91] Majka, C.G., and J.S.MacIvor (2009). The European lesser glow worm, *Phosphaenus hemipterus*, in North America (Coleoptera, Lampyridae). *ZooKeys* 29: 35-47.

[92] Maurer, U. (1968). Some parameters of photic signalling important to sexual and species recognition in the firefly *Photinus pyralis*. Unpublished master's thesis. State University of New York, Stony Brook. 114 pp.

[93] McDermott, F. (1964). The taxonomy of the Lampyridae. *Transactions of the American Entomological Society* 90:1-72.

[94] McDermott, F.A. (1967). The North American fireflies of the genus *Photuris* Dejean: A modification of Barber's key (Coleoptera; Lampyridae). *Coleopterists Bulletin* 21: 106-16.

[95] McKenna, D., and B.Farrell (2009). Beetles (Coleoptera). pp. 278-89. In:S. B. Hedges and S. Kumar(eds.) *The Timetree of Life*. Oxford University Press, New York, NY. 572 pp.

[96] Michaelidis, C.,K.Demary, and S.M.Lewis (2006). Male courtship signals and female signal assessment in *Photinus greeni* fireflies. *Behavioral Ecology* 17 : 329-35.

［97］ Moiseff,A., and J.Copeland (1995). Mechanisms of synchrony in the North American firefly *Photinus carolinus. Journal of Insect Behavior* 8:395-407.

［98］ Moiseff,A., and J.Copeland (2010). Firefly synchrony: A behavioral strategy to minimize visual clutter. *Science* 329:181.

［99］ Moosman, P., C.K.Cratsley, S.D.Lehto, and H.H.Thomas (2009). Do courtship flashes of fireflies (Coleoptera: Lampyridae) serve as aposematic signals to insectivorous bats？ *Animal Behaviour* 78:1019-25.

［100］ Nada, B., L.G.Kirton, Y.Norma-Rashid, and V.Khoo (2009). Conservation efforts for the synchronous fireflies of the Selangor River in Malaysia. pp. 160-71. In: B. Napompeth (ed.) *Proceedings of the 2008 International Symposiumon Diversity and Conservation of Fireflies.* Queen Sirikit Botanic Garden, Chiang Mai, Thailand.

［101］ Niwa, K.,Y.Ichino, and Y.Ohmiya (2010). Quantum yield measurements of firefly bioluminescence using a commercial luminometer. *Chemical Letters* 39: 291–3.

［102］ Oba,Y. (2015). Insect bioluminescence in the post-molecular biology era. pp. 94-119. In: K.H.Hoffmann (ed.)*Insect Molecular Biology and Ecology.* CRC Press, Boca Raton, FL.

［103］ Oba, Y., M.Branham, and T.Fukatsu (2011). The terrestrial bioluminescent animals of Japan. *Zoological Science* 28:771-89.

［104］ Oba, Y., T.Shintani, T.Nakamura, M.Ojika, and S.Inouye (2008) . Determination of the luciferin content in luminous and non-luminous beetles. *Bioscience Biotechnology and Biochemistry* 72:1384-87.

［105］ Ohba, N. (2004). *Mysteries of Fireflies.* Yokosuka City Museum, Yokosuka, Japan (in Japanese).

［106］ Peretti, A.V., and A.Aisenberg, editors. (2015). *Cryptic Female Choice in*

Arthropods: Patterns, Mechanisms, and Prospects. Springer International, London. 509 pp.

［107］ Pieribone, V., and D.Gruber (2005). A Glow in the Dark: The Revolutionary Science of Biofluorescence. Harvard University Press, Cambridge, MA.

［108］ Pietsch, T. (2005). Dimorphism, parasitism, and sex revisited: Modes of reproduction among deep-sea ceratioid anglerfishes (Teleostei : Lophiiformes). *Ichthyological Research* 52: 207-36.

［109］ Pizzari, T., and N.Wedell (2013). Introduction: The polyandry revolution. *Philosophical Transactions of the Royal Society B* 368:20120041.

［110］ Rich, C., and T.Longcore, editors (2006). *Ecological Consequences of Artificial Night Lighting*. Island Press, Washington, DC. 480 pp.

［111］ Rooney,J., and S.M.Lewis (1999). Differential allocation of male-derived nutrients in two lamyprid beetles with contrasting life-history characteristics. *Behavioral Ecology* 10: 97-104.

［112］ Rooney, J.A., and S.M.Lewis (2000). Notes on the life history and mating behavior of *Ellychnia corrusca* (Coleoptera: Lampyridae). *Florida Entomologist* 83: 324-34.

［113］ Rooney,J., and S.M.Lewis (2002). Fitness advantage of nuptial gifts in female fireflies. *Ecological Entomology* 27:373-77.

［114］ Rosellini, D. (2012). Selectable markers and reporter genes: A well-furnished toolbox for plant science and genetic engineering. *Critical Reviews in Plant Sciences* 31: 401-53.

［115］ Simmons, L.W. (2001). *Sperm Competition and Its Evolutionary Consequences in the Insects*. Princeton University Press, Princeton, NJ. 456 pp.

［116］ Smith, H.M. (1935). Synchronous flashing of fireflies. *Science* 82 : 151-52.

［117］ South, A., and S.M.Lewis (2012a). Determinants of reproductive success across sequential episodes of sexual selection in a firefly. *Proceedings of the Royal Society* B 279:3201-8.

[118] South, A., and S.M.Lewis (2012b). Effects of male ejaculate on female reproductive output and longevity in *Photinus fireflies. Canadian Journal of Zoology* 90:677-81.

[119] South, A., T.Sota, N.Abe, M.Yuma, and S.M.Lewis (2008). The production and transfer of spermatophores in three Asian species of *Luciola* fireflies. *Journal of Insect Physiology* 54:861-66.

[120] South, A., K.Stanger-Hall, M.Jeng, and S.M.Lewis (2011). Correlated evolution of female neoteny and flightlessness with male spermatophore production in fireflies (Coleoptera: Lampyridae). *Evolution* 65:1099-113.

[121] Stanger-Hall, K., D.Hillis, and J.Lloyd (2007). Phylogeny of North American fireflies: Implications for the evolution of light signals. *Molecular Phylogenetics and Evolution* 45:33-39.

[122] Strogatz, S.H. (2003). *Sync: The Emerging Science of Spontaneous Order*. Hyperion Books, New York, NY. 338 pp.

[123] Thancharoen, A. (2012). Well-managed firefly tourism: A good tool for firefly conservation in Thailand. *Lampyrid* 2:142 –48.

[124] Tinbergen, N. (1963). On aims and methods of ethology. *Zeitschrift für Tierpsychologie* 20:410-33.

[125] Trimmer, B.A., J.R.Aprille, D.Dudzinski, C.Lagace, S.M.Lewis, T.Michel, S.Qazi, and R.Zayas (2001). Nitric oxide and the control of firefly flashing. *Science* 292: 2486-88.

[126] Trivers, R. (1972). Parental investment and sexual selection. pp. 136–79. In: B. Campbell (ed.) *Sexual Selection and the Descent of Man, 1871–1971*. Aldine, Chicago.

［127］Tyler,J. (2002). *The Glow-worm*. Privately published.

［128］Tyler, J., W.McKinnon, G.Lord, and P.J.Hilton （2008）. A defensive steroidal pyrone in the glow-worm *Lampyris noctiluca* L. (Coleoptera: Lampyridae). *Physiological Entomology* 33:167-70.

［129］Underwood, T.J., D.W.Tallamy, and J.D.Pesek (1997). Bioluminescence in firefly larvae: A test of the aposematic display hypothesis (Coleoptera: Lampyridae). *Journal of Insect Behavior* 10:365-70.

［130］van der Reijden, E., J.Monchamp, and S.M.Lewis (1997). The formation, transfer, and fate of male spermatophores in *Photinus* fireflies （Coleoptera: Lampyridae). *Canadian Journal of Zoology* 75:1202-5.

［131］Vencl, F.V., and A.D.Carlson (1998). Proximate mechanisms of sexual selection in the firefly *Photinus pyralis* (Coleoptera: Lampyridae). *Journal of Insect Behavior* 11:191-207.

［132］Viviani, V. (2001). Fireflies (Coleoptera: Lampyridae) from southeastern Brazil: Habitats, life history, and bioluminescence. *Annals of the Entomological Society of America* 94:129-45.

［133］Viviani, V. (2002). The origin, diversity, and structure function relationships of insect luciferases. *Cellular and Molecular Life Sciences* 59:1833-50.

［134］von Uexküll, J. (1934). A stroll through the worlds of animals and men: A picture book of invisible worlds. pp. 5-80. In: C. H. Schiller (ed.) *Instinctive Behavior: The Development of a Modern Concept*. International Universities Press, New York, NY.

［135］Waage, J.K. (1979). Dual function of the damselfly penis: Sperm removal and transfer. *Science* 203:916-18.

［136］Wallace, A.R. (1867). Mimicry, and other protective resemblances among animals. *Westminster Review* 88:1-20.

〔137〕 Wallace, A.R. (1889). *Darwinism—An Exposition of the Theory of Natural Selection with Some of Its Applications*. Macmillan, London.

〔138〕 Williams, F.X. (1917). Notes on the life-history of some North American Lampyridae. *Journal of the New York Entomological Society* 25 : 11–33.

〔139〕 Wilson, E.O. (1984). *Biophilia*. Harvard University Press, Cambridge, MA.

〔140〕 Wilson, T., and J.W.Hastings (1998). Bioluminescence. *Annual Review of Cell and Developmental Biology* 14:197-230.

〔141〕 Wilson, T., and J.W. Hastings (2013). *Bioluminescence: Living Lights, Lights for Living*. Harvard University Press, Cambridge, MA. 208 pp.

〔142〕 Wing, S., J.E.Lloyd, and T.Hongtrakul (1982) . Male competition in *Pteroptyx* fireflies: Wing-cover clamps, female anatomy, and mating plugs. *Florida Entomologist* 66:86 –91.

〔143〕 Woods W.A., H.Hendrickson, J.Mason, and S.M.Lewis (2007). Energy and predation costs of firefly courtship signals. *American Naturalist* 170:702-8.

〔144〕 Yoshizawa, K., R.L.Ferreira, Y.Kamimura, and C.Lienhard (2014). Female penis, male vagina, and their correlated evolution in a cave insect. *Current Biology* 24:1006-10.

〔145〕 Yuma, M. (1993). *Hotaru no mizu, hito no mizu* (Fireflies' water, human's water). Shinhyoron, Tokyo (in Japanese).

〔146〕 Yuma, M. (1995). The welfare of Moriyama fireflies. *Japan Association for Firefly Research* 28: 29-31 (in Japanese).

〔147〕 Yuma, M., and M.Hori (1981). Gregarious oviposition of *Luciola cruciata*. *Physiology and Ecology Japan* 181:93-112.

图书在版编目（CIP）数据

萤火虫之书 / （美）萨拉·刘易斯（Sara Lewis）,著；
刘琪译. –– 重庆：重庆大学出版社, 2024.12
书名原文: Silent Sparks:The Wondrous World of
Fireflies
ISBN 978-7-5689-1349-2

Ⅰ.①萤… Ⅱ.①萨… ②刘… Ⅲ.①萤科—普及读
物 Ⅳ.①Q969.48-49

中国版本图书馆CIP数据核字（2018）第200108号

萤火虫之书

YINGHUOCHONG ZHI SHU

［美］萨拉·刘易斯（Sara Lewis） 著

刘　琪　译

责任编辑：敬　京
责任校对：刘志刚
责任印制：赵　晟
重庆大学出版社出版发行
出版人：陈晓阳
社址：（401331）重庆市沙坪坝区大学城西路21号
电话：（023）88617190　88617185（中小学）
传真：（023）88617186　88617166

全国新华书店总经销
印刷：天津裕同印刷有限公司

开本：889mm×1194mm　1/16　印张：14.75　字数：232千
2024年12月第1版　　2024年12月第1次印刷
ISBN 978-7-5689-1349-2　定价：108.00元

版贸核渝字（2024）第 195 号

审图号 GS（2018）3332 号